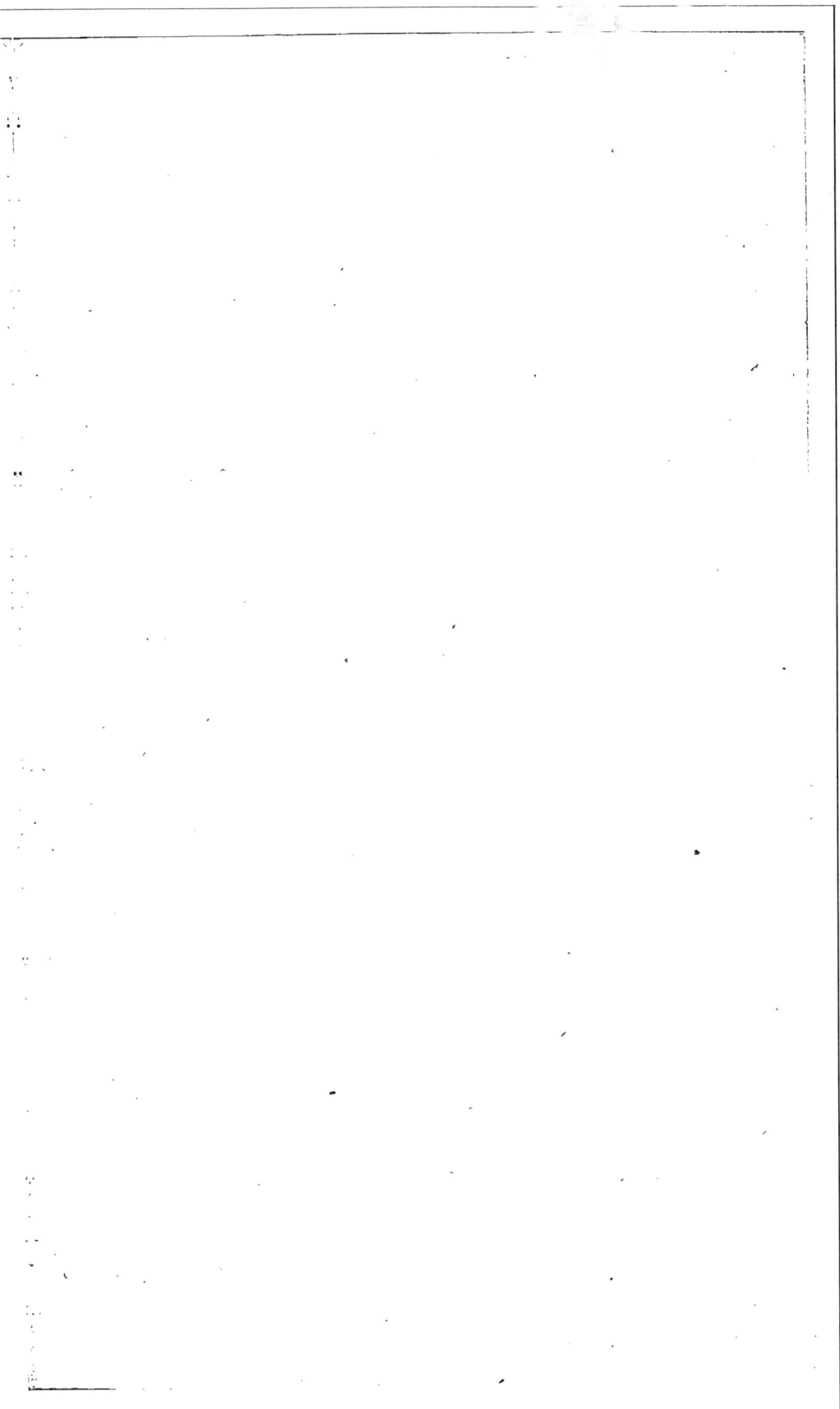

S.

4216

# BASES FONDAMENTALES

DE

## LA BONNE CULTURE

Typographie de J. Fuey, rue Croix-des-Petits-Champs, 33

# BASES FONDAMENTALES

## DE LA BONNE CULTURE

OU

# MÉMOIRE

### SUR LA DÉCOUVERTE DES MOYENS QUE DIEU DONNE A L'HOMME

D'AUGMENTER SON BIEN-ÊTRE PAR LE PARFAIT DÉVELOPPEMENT
DES VÉGÉTAUX

## CAUSES VISIBLES

DE LA MALADIE DES POMMES DE TERRE ET DE LA CARIE DU BLÉ AVEC DES
MOYENS D'Y PARER

### Par M. COINZE

Ancien Notaire, ancien Agriculteur, propriétaire à Altroff (Meurthe), électeur
dans l'arrondissement de Château – Salins.

# PARIS

DÉPOT GÉNÉRAL CHEZ JULES FREY, IMPRIMEUR

RUE CROIX-DES-PETITS-CHAMPS, 33

1847

# INTRODUCTION

Jamais l'idée d'écrire sur l'agriculture ne m'é-
tait venue : si je le fais aujourd'hui, c'est en
quelque sorte à mon corps défendant, n'ayant
à parler au public qu'un langage agreste et rude,
et m'exposant, je le sens, à soulever la critique
contre la forme, sinon contre le fond de mon
ouvrage. Je m'y suis décidé pourtant : c'est que
telles circonstances peuvent se rencontrer dans
la vie, qui donnent à un homme une audace qu'il
ne s'était jamais crue; c'est que c'est un devoir

pour le citoyen de faire connaître sans timidité
ce qu'il croit pouvoir être utile à ses concitoyens.
Or, c'est dans de telles circonstances que j'étais
placé.

J'ai toujours, il est vrai, habité la campagne,
et j'en ai pris le langage peu fleuri; mais, comme
dédommagement, avec ce langage, je me suis
aussi approprié quelques-uns des grands ensei-
gnements que nous donne à connaître la campagne. Dès mon enfance, j'ai étudié les opérations de la nature dans la végétation; j'ai tâché,
autant qu'il était donné à l'homme d'y parvenir,
de surprendre ses secrets; j'ai voulu me rendre
compte à moi-même de chaque pas que je faisais
vers mon but; j'ai débuté par l'horticulture, j'ai
pratiqué l'agriculture, j'ai abordé enfin la culture
en général.

En cette étude de la culture, j'ai apprécié la
valeur de la propriété. Pour arriver à une position sociale, j'ai travaillé dans le notariat; et, devenu notaire, j'ai été en position de comprendre

quelles difficultés se rencontraient pour devenir ou rester propriétaire incommutable, pour jouir en toute liberté et à son aise de sa propriété, encore qu'on ait accompli tout ce qu'a prévu la loi. J'ai pu m'apercevoir alors de lacunes législatives qui mettaient à chaque instant les propriétaires dans l'embarras. Ils ne pouvaient mieux faire qu'ils ne faisaient ; eux ou leurs prédécesseurs n'accomplissaient pas ou n'avaient pas accompli le nécessaire que le législateur n'avait pas prévu : fautes commises lors des partages, des ventes en détail et des transactions en général.

J'ai reconnu que, dans le mécanisme des travaux à exécuter, il manquait un rouage qu'il fallait indispensablement ajouter pour arriver à un bon résultat.

J'ai remarqué que, dans les ouvrages agronomiques ayant pour but le progrès de la culture, ce n'était pas de la chose principale, mais des accessoires qu'on s'occupait, faisant ainsi le contraire de ce qu'il fallait.

J'ai vu que, de la manière qu'on cultive aujourd'hui, tout est routine en théorie comme en pratique : avec cette différence, que la routine théorique veut à toute force abuser des générosités de la terre, et que la routine pratique craint de profiter de ce qu'elle peut lui donner sans se nuire.

Pourtant les bons principes du mécanisme de la bonne culture sont immuables : ils ne peuvent varier. Lisez Virgile : il en parle en homme qui ne doute pas, en homme qui sent qu'il s'appuie sur la raison. Tout en recommandant comme base fondamentale de laisser un ou deux ans reposer la terre, repos dont le cultivateur sera amplement dédommagé, il n'oublie pas de conseiller la vigilance, l'activité, l'exactitude, le travail en temps opportun, la destruction des herbes parasites, etc., etc. ; certes, ce sont là de saines doctrines qui seront bien venues en tout temps !

Depuis longtemps on se plaint du manque des récoltes en temps sec et en temps humide. Aucun ouvrage ne traite sérieusement des causes de ces récoltes avortées ; on ne fait qu'effleurer la question, et l'on écrit des volumes sur des choses oiseuses. Pourtant, en chaque pays, on voit, à côté de cultivateurs qui réussissent, d'autres cultivateurs qui ne réussissent pas ; et cela, sur une terre de même qualité, par un même temps. Il y a une cause d'une semblable inégalité. C'est que l'un a fait bien et l'autre mal. Mais en quoi l'un a-t-il fait bien et l'autre mal ? Voilà la vraie, la seule question. Or, ni celui-ci, ni celui-là ne le saurait dire ; jamais ils ne se sont rendu compte de leurs actions : c'est bien là ce qui constitue la routine. En théorie comme en pratique, voilà, jusqu'à ce jour, comme on en a agi. Le praticien dit : « Mon père a fait ainsi. — Tels auteurs agronomes, disent les théoriciens, sont de telle opinion : cette opinion doit être la bonne. » Ainsi, en théorie comme en pratique, la réussite ou la non-réussite s'attribue au bonheur ou au malheur. Comme si le bien se faisait par bonheur et le mal par malheur. Tout serait donc nécessairement l'œuvre du hasard. L'honneur ne serait plus que du hasard ; la probité, hasard ; la bonne conduite, hasard encore.

Pourquoi, en culture, ne pas faire comme dans toute autre industrie ? Un industriel suit une pratique qui lui réussit, il trouve des imitateurs ; on cherche la cause de son succès, on la trouve à la fin et le but est atteint.

Or, c'est à chercher les causes de la réussite comme de la non-réussite en culture que toutes mes études se sont appliquées.

Comme chacun, j'ai cherché ces causes où elles n'étaient pas, tout en m'efforçant de découvrir où elles étaient. J'ai suivi de tout près la théorie et la pratique : tôt ou tard, je devais me trouver sur la trace de la vérité; car, ainsi le dit le proverbe, *à force de chercher on trouve.*

La théorie et la pratique m'ont aidé toutes deux : la première à démontrer qu'on tournait le dos à la vérité, la seconde à prouver qu'on lui faisait face.

Selon moi, aujourd'hui, la chose est simple et bien indiquée : la pratique et la théorie peuvent s'entr'aider l'une l'autre en connaissance de cause, sans perdre de vue les sages recommandations du divin poète latin.

Il me reste à dire comment je suis arrivé à écrire ce mémoire, et pourquoi je lui ai donné cette forme. J'avoue franchement que, un mois avant le jour fixé pour le Congrès central de Paris du 22 mars dernier, je n'y avais pas seulement songé.

Ayant conçu l'idée de tracer un plan de colonisation de l'Algérie, où je voulais consigner mes idées sur l'agriculture en général, en parlant de l'agriculture en ce qui concerne l'Algérie, je vins à Paris prendre quelques lettres de recommandations pour le voyage d'Algérie que je me proposais de faire. Ce n'est pas que, pour mon plan, ce voyage me fût nécessaire, mais on me conseillait de ne le publier que dans nos possessions d'Afrique. Pendant les jours que me retinrent à

Paris les démarches qu'il me fallait faire, je lus
à loisir les journaux, et je remarquai que l'agriculture était la question à l'ordre du jour, que
tout le monde s'en occupait à propos du Congrès
central du 22 mars.

Avec quel étonnement je lus le sentiment des
journaux, des divers agriculteurs, sur les causes
de la maladie des pommes de terre! On l'attri-
buait, les uns à certains champignons, les autres
à de petits animalcules que contenait la terre. Sur
la reproduction des pommes de terre par semis,
leur opinion me surprit encore, ainsi que l'ignorance dont ils faisaient preuve sur le produit obtenu par semis dès la première année. C'est cela
qui m'a déterminé à écrire ce que j'en savais. J'ai
fait part de mes observations, qui pouvaient servir déjà en 1847, à M. le ministre de l'agriculture, le priant de les faire examiner dans les
bureaux, de les soumettre à l'appréciation de la
Société centrale d'Agriculture de Paris pour
qu'elle en fasse son rapport. M. le ministre a

bien voulu accueillir ma demande et a donné des
ordres en conséquence.

Quelques personnes m'engagèrent à rester à
Paris pour assister au Congrès; je me rendis à
leur avis, et je me suis sérieusement occupé d'a-
griculture au milieu de Paris. J'avais certes mille
moyens de satisfaire ma curiosité par la lecture
de tout ce qui s'écrivait à chaque instant sur cette
matière : de nouvelles brochures paraissaient tous
les jours. On en distribuait même au Congrès une
certaine quantité.

Ainsi, mon temps était bien employé : pendant
les séances, j'écoutais les orateurs; pendant le
reste du jour, je lisais les brochures. J'assistai
même au concours de Poissy pour la distribution
des primes.

Naturellement, je prenais des notes sur ce que
j'avais vu, lu et entendu, et comme me sont venues les idées, je les ai écrites : c'est dans le
même ordre que je les laisse pour les publier.
Aussi y verra-t-on quelques répétitions; n'im-

porte, je n'y change rien pour le moment par deux motifs : je n'ai pas la rédaction facile, et le temps presse. Si le public prend confiance en mes leçons, il est important de les publier de suite pour qu'on en tire avantage le plus tôt possible.

Croirait-on pourtant que MM. les inspecteurs d'agriculture n'ont pas daigné s'occuper d'un mémoire sur une question de vie et de mort pour la masse des Français? le Congrès n'a pas eu le temps de le voir, et la Société centrale d'Agriculture ne l'a pas trouvé digne de sa colère. Mon mémoire est resté vierge.

La conduite de la Société en cette circonstance est bien singulière. Je comprends qu'on ne pouvait juger d'avance du mérite de la méthode proposée, mais ce dont je traitais intéressait au dernier point le progrès de l'agriculture, et la masse du peuple souffrant de la cherté des vivres, souffrant du fléau répandu sur les pommes de terre ; j'indiquais les causes du fléau et le remède. Pouvait-il y avoir un examen plus actuel, plus pres-

sant à faire ? Pour avoir été souvent déçu, je con-
çois qu'on ait appris la défiance ; raison de plus
pour se hâter, après lecture, de le rejeter ou de
l'admettre. Mais non : on ne s'est point soucié
d'en faire une lecture publique ; on s'est contenté
de remettre le mémoire au rapporteur nommé à
cet effet. Celui-ci, voyant peu de zèle dans tout le
corps de la Société à faire appréciation d'un utile
document, a suivi ce fatal exemple. A ma demande, quand je voulus savoir pourquoi l'on ap-
portait ce retard à l'examen d'une méthode qui
pouvait encore servir pour 1847 à empêcher la
maladie des pommes de terre, il répondit qu'il
n'avait pas le temps, qu'une autre besogne devait
passer avant celle-là, qui arriverait à son tour
sous ses yeux pour être examinée. Il y a certes
quelque justice et raison en cela, mais, dans des
cas si urgents, ne peut-on admettre d'exception ?
N'est-ce pas au malade le plus en danger que le
médecin doit préférablement courir ? Ne dérange-
t-il pas le cours ordinaire de ses visites pour
secourir les clients menacés de mourir ? Conti-
nuera-t-il sa tournée, pour n'arriver chez le mo-

ribond que lorsque la mort aura rendu sa présence inutile?

Il ne s'agit pas, en pareil cas, d'une formalité sans importance qui peut subir huit ou quinze jours de retard, sans grand dommage, sans qu'on s'en aperçoive peut-être.

Mais c'est ici un cas de vie et de mort : il faut de suite administrer le remède. Je l'ai bien souvent dit ; mais on n'en a pas voulu comprendre l'importance.

Si, en effet, au commencement de mars, on eût examiné cette question de suite ; si, l'approuvant, on l'eût adoptée, on aurait pu publier mon système en France et en faire profiter cette année même. Si l'on n'avait pu en faire essai en grand, on eût pu le tenter en aussi petite quantité qu'on aurait voulu. Si peu que ce soit, par toute la France, n'en aurait pas moins produit un grand effet, tant par le produit que par l'essai lui-même.

Chacun n'en eût-il planté qu'un demi-hectoli-

tre, en ne comptant que trois millions de plan-
teurs, on aurait obtenu ce résultat :

Chaque demi-hectolitre en aurait donné au
moins cinq : total, au minimum, quinze millions
d'hectolitres comme simple essai.

Dans le cours de ce mémoire, quelques explications pourraient être mal interprétées, et regar-
dées comme des critiques : qu'on sache bien qu'il
a été loin de ma pensée d'en vouloir faire; je ne
cite les remarques que j'ai faites que pour expliquer l'à-propos de mes réflexions.

On comprendra sans peine que, présentant à
la Société Centrale d'Agriculture de Paris, c'est-
à-dire à la réunion de tout ce que la science agricole a de plus distingué, un mémoire sur les bases
fondamentales de la bonne culture, ce n'était pas
une question oiseuse que j'aurais voulu agiter.
Et, par les temps de misère générale que la marche rétrograde de l'agriculture amène, il eût été
convenable que tous les membres s'en occupas-
sent plus sérieusement. Ce n'était pas à un mem-

bre unique que cet examen eût dû être renvoyé ;
il ne s'agissait pas là, comme dans la garde nationale, d'un service ordinaire ; l'affaire était grave :
il y avait lieu de faire un appel général aux
armes.

C'était une question nouvelle, importante,
comme peut-être il ne s'en était pas encore présenté. Qu'on compulse, en effet, tout ce qui s'est
dit et écrit sur l'agriculture depuis le commencement des choses jusqu'au 22 mars 1847, et
l'on verra que cette question ne s'est jamais vu
traitée. En faveur de son importance et de sa
nouveauté, on pouvait bien certes faire pour elle
ce que font les cours judiciaires qui rassemblent
toutes leurs sections, s'il se présente quelque cas
grave ; on pouvait réunir toutes les sommités
agricoles. L'occasion du Congrès offrait un moyen
de résoudre une question qui demandait bien le
débat d'un Congrès général.

Le défoncement, dont je parle dans ce mémoire, est une chose nouvelle. On en a bien parlé
déjà cependant, mais non dans les conditions né-

cessaires pour qu'il produisit son effet. On en a parlé, machinalement, sans en connaître le vrai mérite. On l'employait, mais par routine : puisque, quand il produisait un bon effet, on ne se rendait pas compte de la cause de ce bon effet.

L'auteur de ce mémoire s'est toujours trouvé bien placé pour étudier la nature agricole : cette étude était dans ses goûts. Enfant, clerc de notaire, notaire, propriétaire, agriculteur, il s'est plu toujours à s'entretenir de culture en général ; il a toujours observé les progrès de la végétation, recherché les causes du succès et de l'insuccès, non par ses expériences seulement, mais aussi par celles des autres. Avec des observations toujours précises, une bonne mémoire, dans les longues causeries des soirées d'hiver, dans ses relations fréquentes avec les cultivateurs, il a pu observer, recueillir, méditer, et, basant son jugement sur un fond solide et équitable, faire la part de toutes choses avec conscience.

Oui, j'ai recherché les discussions et j'en ai

soutenu un grand nombre ; car je crois à cet adage que *de la discussion naît la lumière*. J'avouerai que, dans ces discussions, j'ai souvent passé pour exalté, opiniâtre : c'est qu'ayant approfondi la question, je me sentais fort de mes observations et de mes expériences. Le nombre d'adversaires ne m'étonnait pas, quand je me croyais fondé. Il a pu arriver, quand je n'avais pas le bon droit, que parmi mes antagonistes celui qui paraissait avoir fait taire la discussion n'était pas celui qui avait raison ; une simple observation d'un membre de la réunion avait frappé mon oreille et fait cesser le débat. Je m'emparais de cette observation et je la soumettais à l'expérience avant d'en admettre la conséquence. Je ne connais pas de meilleur moyen d'arriver à la vérité. Aussi l'on peut dire qu'en conseil il y a souvent plus dans une tête que dans deux.

Aujourd'hui, c'est au public que je présente cet ouvrage ; c'est un tribunal redoutable qui est appelé à prononcer sur son mérite : c'est avec le calme de la conscience que j'attends son arrêt.

Je dirai, en terminant, que le résultat de mes études, de mes recherches, de mes méditations en général m'a conduit à conclure que les bases fondamentales de la bonne culture sont l'emploi intelligent des quatre éléments au développement de la végétation, je veux dire l'emploi de la terre, de l'air, de l'eau et de la chaleur. Leur application est le défoncement. La terre est aidée par la pluie, l'air et le soleil dans toute la profondeur du défoncement. C'est là ce que je vais chercher à démontrer, en donnant les autres moyens de réussite : le reste ne dépendra plus que de la volonté de l'homme.

Je souhaite que le succès couronne mes efforts, mes recherches, mes méditations : je n'ai eu en vue que le bien général et le soulagement des malheureux. Que si je ne réussissais pas, je prierais mes concitoyens de respecter au moins ma bonne intention, qui ressortira bien évidente, du reste, des franches explications que je vais donner.

...que le résultat d...
...libéral... de... méditerranée...
... quand... lumière... fait...
... le bonne... qui sont... fragile
...
...

DE LA

# CULTURE DES POMMES DE TERRE

## DE LEUR MALADIE, DE SON REMÈDE

## DE LEUR REPRODUCTION PAR SEMIS

### ET DE SON AVANTAGE

### CAUSES DE LA CARIE DU BLÉ & SON REMÈDE

———◆———

Chacun sait quel immense avantage on retire de la pomme de terre, et chacun sent conséquemment l'importance de la multiplier, et les soins qu'on doit apporter à la conserver en bonne qualité. Elle est devenue malade : il est donc indispensable de chercher à la remettre en état de se reproduire aussi généreusement que par le passé. Si quelqu'un a pu faire des observations, il est de son devoir d'en informer le public ; car le remède doit être appliqué le plus tôt possible. Bien placé pour étudier cette question, j'ai fait des remarques que je communiquerai, priant le lecteur de se montrer indulgent pour un style qui est celui d'un habitant de la Sibérie française ou de la Lorraine allemande.

1

## CONSIDÉRATIONS GÉNÉRALES.

Les pommes de terre, on le sait, sont originaires de l'Amérique méridionale : elles aiment la chaleur et ont besoin d'humidité ; le concours de ces deux circonstances est indispensable pour leur parfait développement et leur bonne qualité. Dans une année assez sèche pour qu'elles en souffrent, elles seront filandreuses ou chanvreuses ; pourtant, elles seront mangeables. Par une année très-humide, elles seront aqueuses et d'assez mauvaise qualité : elles contiendront peu de fécule. Ainsi, une année extrêmement sèche est préférable à une année humide pour ce végétal. Par exemple, l'année 1845 est humide : les pommes de terre qui ne se pourrissent pas sont aqueuses et de mauvaise qualité ; l'année 1846 est fort sèche : les pommes de terre sont filandreuses et n'ont pas, par conséquent, leur qualité ordinaire ; cependant, elles valent mieux pour la qualité que celles de 1845.

En outre, les pommes de terre de 1846 ont plus ou moins souffert, suivant la position ou la qualité du terrain où elles ont été plantées, suivant les circonstances qui ont ou n'ont pas permis aux cultivateurs de les biner avant la grande sécheresse. En effet, l'année 1846 a commencé par être très-humide ; et, les pluies battantes venant à durcir la terre, si on

labourait la pièce quand la terre était encore trop
imbibée d'eau, plantant par le mauvais temps les
pommes de terre derrière la charrue, on ne pouvait
faire qu'un fort mauvais ouvrage; mais l'année avan-
çait, et l'on ne pouvait plus reculer.

Ou bien, pour biner les pommes de terre, on a
attendu que la terre fût ressuyée; mais alors une
sécheresse continuelle est survenue, les gazons se
sont durcis, sont devenus comme de la corne, sans
qu'il y eût moyen de les diviser.

Ainsi, les cultivateurs qui ont pu biner par les premiers jours de beau temps ont eu à récolter des
pommes de terre, tandis que ceux qui ne l'ont pu que
lorsque les gazons étaient durs n'ont guère recueilli
que la semence, de bien chétifs tubercules.

Donc seuls, les cultivateurs qui se sont hâtés ont
fait une récolte passable, en y ajoutant ceux dont les
terres, en certaines localités, restent par leur qualité même toujours meubles : alors ils ont fait une
récolte ordinaire. Et presque tous les cultivateurs,
ayant vu les pommes de terre se pourrir en 1846, année sèche, comme en 1845, année humide, ont attri-
bué cet accident à la maladie. Je ne partage pas ce
sentiment, et, selon moi, voici la vraie cause de la
mauvaise qualité des pommes de terre.

Partout où elles ont été bien binées, leur croissance s'est opérée ; mais, le moment venu de les arracher, une pluie continuelle est survenue. Ceux qui les ont arrachées avant la pluie les ont bien conservées ; ceux, au contraire, qui ont attendu le beau temps, se sont trompés dans leurs prévisions, et ont eu la douleur de se voir pourrir les trois quarts de leur récolte. La cause en est que la plante, nourrie dans une continuelle sécheresse, couchant ensuite un certain temps dans l'eau, a dû, par la transition de la sécheresse à une humidité froide et continuelle, s'altérer et se pourrir.

Quelques pommes de terre aussi, bien qu'arrachées avant la pluie, se sont pourries par une cause particulière inhérente à la pomme de terre elle-même, par la stagnation forcée imposée pendant un certain temps à la végétation par la sécheresse. On peut facilement comprendre que, les pommes de terre cessant de croître faute de nourriture, beaucoup d'entre elles ont été envahies par de petits animaux que contient la terre et qui ont absorbé tout ou partie de la fécule ; que le restant de la pomme de terre a dû se pourrir soit en terre, soit dans la cave, plus ou moins longtemps après avoir été arraché : invasion qui n'eût pas eu lieu si la végétation avait été vigoureuse. Pourtant ce n'est pas cela qui est la maladie de la pomme de terre : ce n'est là qu'un simple accident, semblable à celui qui rend les fruits d'un arbre véreux. Mais le véritable fléau attaque les pommes de terre par le côté où elles sont en contact avec l'eau.

Résumons-nous. Trop de sécheresse nuit à cette plante; trop d'humidité lui est plus pernicieux encore et la fait pourrir. Que faire donc pour parer à ce double inconvénient? Voilà le problème! Nul ne peut empêcher la sécheresse ou la trop grande humidité, si ce n'est Dieu. Mais mettre les pommes de terre en une condition de culture telle que, par un temps de grande sécheresse et de grandes pluies semblables, elles souffrent moins qu'en 1845 et 1846; mais activer leur croissance; mais empêcher qu'elles ne s'altèrent, qu'elles ne se pourrissent; mais faire tous les ans des récoltes passables, à moins de calamités imprévues : rien de tout cela ne doit surpasser l'intelligence agricole. L'intelligence a été par Dieu donnée à l'homme : qu'il s'en serve au besoin.

Les agriculteurs et les économistes pensent généralement que, par suite des mauvaises années 1845 et 1846, les pommes de terre ont dégénéré, puisque, malgré les soins que la plupart d'entre eux leur avaient prodigués avec plus de zèle et d'attention qu'à l'ordinaire, elles n'avaient pas produit, à beaucoup près, ce qu'elles produisaient autrefois.

En conséquence de cette opinion, on engage le Gouvernement à faire venir d'Amérique des pommes de terre franches, et à encourager la reproduction par semis. En cela, le Gouvernement ferait sagement, parce que toute précaution doit être prise, et cela, de suite.

Mais, quand nous aurons des pommes de terre franches d'Amérique, quand nous aurons exécuté de grands semis, s'il survient encore des années humides ou sèches comme 1845 et 1846, pense-t-on mieux réussir, si l'on ne change pas les conditions de culture par une préparation de terrain? Qu'on ne se l'imagine pas, les pommes de terre souffriront du même mal : à la longue, la race pourra s'en perdre, ou ce tubercule devenir immangeable. Non, les pommes de terre n'ont pas dégénéré, mais bien l'agriculture; l'art agricole suit une progression descendante : c'est ce que nous démontrerons le plus brièvement possible.

Si, pour le parfait développement des pommes de terre, on a dit qu'il fallait le concours de la chaleur et de l'humidité, il est nécessaire d'ajouter qu'elles doivent être posées dans un terrain meuble avec sous-sol perméable.

Or, voici ce que font, en Lorraine, les cultivateurs qui donnent de bons soins aux pommes de terre. Avant l'hiver, ils donnent au champ à emplanter une bonne culture; au printemps suivant, ils y conduisent de l'engrais, le répandent et l'enfouissent par une nouvelle culture. Quand les pommes de terre ont été plantées, ou derrière la charrue, ou à la houe à la main, si le terrain est ressuyé, on lui donne un hersage énergique; quand elles sont levées à moitié, on les herse de nouveau par un temps sec, pour détruire la croûte que les pluies auraient pu faire sur la surface et faciliter leur sortie de terre; quand elles sont levées entièrement, on les bine bien, et, de suite, on les butte.

D'autres font mieux encore : lorsque la pomme de terre est plantée à la charrue, ils piochent ou binent aussitôt (ce qu'ils appellent *piocher aveugle*, parce que la pomme de terre n'est encore ni levée, ni même germée), c'est-à-dire qu'ils retournent tous les gazons faits par la charrue, les uns après les autres, et les cassent tout menus. Ainsi, nul gazon n'échappe, nul n'est enfoui, sans avoir été ameubli : mesure indispensable pour la bonne culture de cette plante. Lorsqu'elle pointe ou commence à lever, on lui donne un hersage par un temps sec, on bine de nouveau et l'on butte.

En général, de l'une ou de l'autre manière, on s'applique à rendre la terre meuble, et nette de toute herbe parasite.

Dans ces conditions et par ce travail, tout est au mieux. Mais vienne une année humide, comme 1845; une année sèche, comme 1846; vous courez encore le risque d'éprouver les accidens reproduits par les récoltes de ces deux années.

Ce sont donc les causes de la maladie qu'il s'agit maintenant de rechercher ; et, ces causes trouvées, d'en indiquer le remède.

Ces deux années, si rapprochées et si différentes, l'une humide, l'autre sèche, déroutent les observateurs; elles auraient dû faire réfléchir, aiguillonner les recherches, ouvrir les yeux.

Nous l'avons dit : 1845 humide a altéré et fait pourrir les pommes de terre ; 1846 sec les a rendues de moins bonne qualité qu'à l'ordinaire, filandreuses, rances même : remarquons toutefois que la sécheresse de 1846 a eu cet avantage sur l'humidité de 1845, qu'elle ne les a point fait pourrir. Elle les a fait souffrir, languir; elle a amené la vermine qui les a intérieurement rongées, comme plusieurs l'ont observé au microscope ; elle a provoqué chez elles ce qu'on appelle les *champignons* : mais, qu'on ne s'y trompe pas, ni ces animalcules vus au microscope, ni ces champignons, ne sont la maladie de 1845; il n'y a là qu'un de ces accidens qui peuvent entraîner la mort de la pomme de terre, comme il arrive aux fruits véreux, phénomène plus fréquent par les années sèches que par les années humides.

On comprendra que cette plante, ne recevant plus sa nourriture que la sécheresse a tarie, s'arrête et ne progresse plus : la végétation est stagnante, et les ani-malcules que contient la terre, se trouvant dans le voi-sinage des pommes de terre, y adhèrent et s'y logent, puis, attaquant la moelle des tubercules, ils les altè-rent, et, par suite, les font pourrir ; ou bien encore, parmi les tubercules attaqués, mais qui ne se sont pas pour cela pourris, une partie, chez les uns dans la proportion du quart, chez les autres dans la propor-tion du tiers, se dessèche, laissant le reste intact et susceptible d'être mangé.

Or, si la plante avait reçu sa nourriture, elle au-rait grossi ; la vermine ne s'y fût pas attachée, ne s'y fût pas introduite.

Aussi, l'observateur des pommes de terre de 1846 aura remarqué, comme nous l'avons dit, que le cul-tivateur qui a arraché les siennes avant les pluies, les a conservées, et que, si une quantité plus ou moins grande s'est pourrie, cela provenait de ce qu'elles avaient été attaquées par la vermine que contenait la terre.

Il pourrait se faire que même, parmi celles qui au-raient été arrachées avant la pluie, quelques-unes se fussent pourries par suite de la maladie de 1845, pour avoir conçu le vice de leur mère ; mais je ne le pense pas.

Pourquoi se sont-elles pourries en 1846, celles qui

ont été arrachées par le temps de pluie? Parce que, nourries de sécheresse pendant trois ou quatre mois; surprises, au moment de l'*arrachage*, par une pluie froide et continue, cette brusque transition les a altérées, les a fait pourrir.

Mais, dira-t-on, toutes ont eu la même humidité; pourquoi ne se sont-elles pas pourries toutes? — Pourquoi, sur tant d'hommes habitant un même pays ravagé par la peste, par le choléra, les uns périssent-ils, tandis que les autres survivent? La nature chez ceux-ci était plus forte que chez ceux-là, le tempérament était plus vigoureux. La complexion pour ainsi dire de telles pommes de terre a présenté plus de résistance au mal que celle de telle autre. Ajoutez à cela que les unes étaient placées dans une condition plus favorable que d'autres, ce dont nous traiterons plus bas, à propos des causes et du remède de la maladie des pommes de terre.

Donc, la seule attention à apporter, la seule observation à faire, ce sera de les planter en telle condition qu'elles n'aient à souffrir ni par une grande pluie, ni par une grande sécheresse. Voilà la difficulté, voilà le nœud gordien.

### CAUSES DE LA MALADIE DES POMMES DE TERRE

Comme on plante ordinairement les pommes de terre, en quelle condition sont-elles placées? Dans la condition la plus propice pour souffrir le plus possible dans les deux cas mentionnés plus haut.

On les plante à la même profondeur que le terrain qui les reçoit a été cultivé ; il n'y a donc que deux sols, le sol arable et le sol dur et imperméable ; elles sont donc placées sur le sol, et le sol arable qui les couvre est encore chargé de les alimenter. Pleut-il beaucoup, l'eau traverse le sol arable et va s'asseoir sur le sol dur, où elle est arrêtée par les tubercules et leurs racines, auxquels elle fait subir un bain forcé. Les pommes de terre ont besoin d'humidité, mais elles ne doivent pas faire un long séjour dans l'eau. Ce bain trop prolongé les altère et finit par les pourrir, soit en terre, soit après avoir été arrachées, quand elles fermentent.

Survient-il une grande sécheresse, le sol arable est bientôt desséché ; le sous-sol, dur et imperméable, ne contenant aucune humidité pour dissoudre les sels nutritifs et alimenter la plante, elle souffre ; les tubercules prennent une mauvaise qualité, et sont attaqués par toutes sortes de fléaux que recèle la terre. Ainsi il arrive aux hommes et aux animaux en général, s'ils manquent de nourriture ; ils ont trop pour mourir et pas assez pour vivre.

Dans l'état présent des choses, comme on plante aujourd'hui les pommes de terre, il leur faut pour réussir une année bien tempérée, ni trop sèche, ni trop humide.

Ces années-là ne sont pas communes. Il s'ensuit que les conditions dans lesquelles les pommes de terres ont actuellement placées sont la cause de leur altération, de leur maladie, de leur pourriture. Il faut donc en démontrer d'autres plus convenables, où elles souffrent moins et de la grande humidité et de la grande sécheresse.

### REMÈDE CONTRE LA MALADIE DES POMMES DE TERRE CONDITIONS DANS LESQUELLES DOIT ÊTRE LE SOL POUR TOUTES LES RÉCOLTES EN GÉNÉRAL

Il s'agit de nous expliquer sur les conditions indispensables au sol pour le parfait développement des pommes de terre, pour leur bonne qualité, pour les remettre enfin dans leur état normal.

Le champ où l'on veut planter les pommes de terre doit être composé de trois sols différents : sol arable, sous-sol perméable, sol dur ou imperméable. C'est avec le sol dur ordinaire que l'on forme les trois sols. Or, cette préparation du sol, préparation qui profitera et aux pommes de terre et à toute espèce de récoltes, c'est le *défoncement*.

Il y a plusieurs profondeurs de défoncements : il

y a le défoncement pour l'horticulture, il y a le défoncement pour l'agriculture.

Le défoncement pour l'agriculture peut avoir plusieurs profondeurs; j'en vais parler.

Pour principe, je dirai que plus le défoncement sera profond, plus les conditions seront favorables.

Le défoncement pour l'horticulture doit avoir en profondeur de 1 mètre à 1 mètre 20 centimètres, ou environ de 3 pieds à 3 pieds et demi.

Pour l'agriculture, le défoncement doit avoir de 32 à 33 centimètres, ou 1 pied de profondeur, au maximum; 18 centimètres ou à peu près 7 pouces, au minimum; le milieu entre ces profondeurs sera de 22 à 24 centimètres.

Ces défoncements peuvent se faire à la main ou à la charrue.

Je vois déjà le ris moqueur de certains horticulteurs et agriculteurs. « Les racines, diront-ils, ne descendent pas en terre si profondément. » Les agriculteurs crieront plus fort encore : « Allez donc enterrer le fumier à 33, à 24, à 18 centimètres de profondeur, et vous verrez quelle récolte vous aurez. » Je prie ces derniers de suspendre leur jugement jusqu'après mes explications; nous serons bientôt d'accord, je l'espère; ils se rangeront à mon avis, ils

verront que, par ce moyen, le fumier profitera plus
et ne se perdra pas tant; ils verront que l'on ne
cherche la profondeur que pour l'hygiène des plantes
en général, et non pour ensevelir le fumier.

Plus bas, j'indiquerai la manière d'opérer les défoncements pour chaque nature de terre; je vais faire
connaître de suite le mérite du défoncement qui ménage un sous-sol perméable.

Prenons donc un sous-sol d'environ 18 centimètres, ou 7 pouces de profondeur. Donnons, pour
1847, si cela n'a déjà été fait à l'automne de 1846,
une culture de 18 à 19 centimètres, ou 7 pouces de profondeur, et hersons par un temps sec;
conduisons de l'engrais sur la pièce, répandons-le
et enfouissons-le par une nouvelle culture de 8 à
10 centimètres, ou de 3 à 4 pouces de profondeur;
les pommes de terre auront été plantées à la charrue ou à la pioche à cette profondeur.

Si donc on a labouré la première fois à 18 ou
19 centimètres, ou 7 pouces, et que l'on plante les
pommes de terre à 8 ou 10 centimètres, ou de 3 à
4 pouces, elles se trouvent placées à la moitié de la
profondeur totale sur un sol meuble et perméable
qui leur sert de lit; elles sont dans leur condition
hygiénique : et je m'explique.

Si l'année est humide, l'eau de pluie tombe sur le

sol arable, le traverse, traverse aussi le sous-sol perméable, et va s'asseoir sur le sol dur et imperméable ;
de là, elle cherche une issue entre le sous-sol arable
et le sol dur. Les pommes de terre étant ainsi couchées
sur un lit perméable, l'eau n'y séjourne pas ; elles
sont justement dans la condition d'humidité qu'il
leur faut pour leur santé et pour leur parfait développement ; elles ne peuvent donc devenir malades
que par un accident autre que l'humidité.

Si, au contraire, l'année est sèche, les pommes de
terre seront encore placées dans une condition favorable : les tubercules, leurs racines et leurs tiges,
couvrant ce sous-sol perméable, empêchent son évaporation par le soleil et le vent ; alors, quand le sol
arable est tout à fait ressuyé, qu'il est sec, qu'il ne
peut plus alimenter la plante, le soleil et l'air, qui
ont ressuyé le sol arable, pompent, pendant la journée, de l'humidité dans le sous-sol. Cette eau, aspi-
rée, traversant pendant la nuit les tubercules, les
racines et le sol arable, dissout les sels nutritifs, alimente la plante, sort de terre, s'attache à la tige, la
rafraîchit, la vivifie et s'exhale en ce brouillard que
nous trouvons le matin, et que nous appelons la
rosée ; car c'est à tort, je crois, que l'on suppose que
la rosée vient d'ailleurs que de la terre, quand, du
reste, tous les végétaux sont à sec.

On peut comprendre, par là, que plus le sous-sol

perméable aura d'épaisseur, plus la plante pourra longtemps se passer de pluie sans dépérir.

Je pense que les pommes de terre auront une meilleure qualité dans une année extrêmement sèche que par une année extrêmement humide. Elles supporteront plus facilement la chaleur, puisqu'elles viennent d'un pays chaud, et, en année sèche, elles seront plus rapprochées de leur état normal qu'en année humide.

Le sous-sol par défoncement présente d'immenses avantages :

1° Commençons par faire connaître les plus propres à calmer l'impatience des adversaires des défoncements. J'ai dit plus haut que, par le moyen que je propose, le fumier profiterait plus et ne se perdrait pas tant ; voici comment : Si le fumier n'est enfoui qu'à 8 ou 10 centimètres de profondeur, il est sur le sous-sol ; s'il pleut, la pluie traverse le sol arable et le fumier, se sature de sa matière fécondante, et, traversant le sous-sol perméable, se dénature aussitôt à son profit ; puis, filtrant au travers, elle sort claire comme de l'eau de roche sur le sol dur, prend de là son cours d'après la pente du terrain entre le sous-sol et le sol dur, et rencontre, dans sa course entre les couches de terres, des passages par lesquels elle va rejoindre les sources et les réservoirs souterrains que nous allons chercher quand nous forons des puits pour pompes ou fontaines.

Si, au contraire, la profondeur manque, l'eau ne peut s'écouler par le dessous, du moment que le sol arable est rempli et que la pluie continue : elle est obligée de dégorger; elle délaye le sol arable, la terre, l'engrais qu'elle entraîne avec elle dans les bas-fonds, et va rejoindre les ruisseaux et rivières dont elle surcharge le lit : de là, des inondations. On comprendra facilement que c'est par l'érosion que les rivières s'engorgent, l'eau venant y déposer le limon. Tôt ou tard l'inondation suit nécessairement.

Tandis que, si l'eau passe par le sous-sol, elle en sort claire et limpide pour arriver aux rivières, où elle n'a guère rien à décharger, si ce n'est au cas de pluies torrentielles.

Au moyen des défoncements de 32 à 33 centimètres, pendant des pluies continuelles qui suivront un temps de sécheresse, toute l'eau, au fur et à mesure qu'elle tombera, passant toujours par le sous-sol, sera bue par le sol et alimentera plus abondamment les réservoirs : d'où il suivra qu'on trouvera plus de sources, que l'eau manquera moins, et ne pourra occasionner d'inondations que plus rarement.

Il faut donc recommander partout et toujours les

2

défoncements, voire même sur les côtes les plus élevées, où elles produiront les mêmes résultats. Je
dirai plus bas quelles précautions il faudra prendre
pour que le défoncement produise son effet sur un
terrain plat.

2° J'ajouterai, pour les adversaires des défoncements, qu'un cultivateur, se trouvât-il en arrière dans
ses premières cultures de préparation de terrain pour
la saison des blés, ne sera pas dans l'embarras qu'il
éprouverait nécessairement, s'il cultivait comme on
le fait d'après la méthode ordinaire.

On n'a pas défoncé, qu'arrive-t-il? Le sol arable,
détrempé par les pluies battantes, s'est durci par
la sécheresse; si l'on veut seulement labourer à la
profondeur ordinaire, on ne le peut plus, car la
charrue se rejette hors de terre et l'on ne peut la
maintenir qu'en labourant plus profondément; en
ce cas, elle ramène des gazons énormes venant du
sous-sol dur, et souvent de la terre, si mauvaise,
qu'elle suffit pour empoisonner le sol arable. Pour
y obvier, on remet sa culture jusqu'à ce qu'une pluie
vienne amollir la terre, et l'on court le risque de
perdre tout ou partie de la récolte.

Si les cultivateurs, au contraire, ont défoncé leur
terrain, s'ils ont un sous-sol, ce sous-sol, engraissé
par le fumier que l'eau, en filtrant au travers, y a

déposé, a rendu le terrain onctueux, moins dur, moins résistant. Bien plus, dans le cas ci-dessus prévu, ils peuvent sans crainte attaquer une plus grande profondeur, ils n'empoisonneront pas le sol arable; au contraire, ils ne feront qu'améliorer le sol arable en lui fournissant une terre neuve et riche en humus.

Ainsi ce procédé du défoncement enrichit le sol, évite de grands inconvéniens aux cultivateurs, leur assure les plus belles récoltes en qualité et en quantité, et, pour tout dire, obvie aux grandes sécheresses, comme il diminue le nombre des inondations.

Que d'agriculteurs diront : « Cette idée de défoncement coûtera bien du mal et de l'argent ; c'est le fruit sans doute des méditations de quelque agriculteur de nouvelle fabrique ! » Cela ne nous étonnera pas. Quand un propriétaire qui n'avait jamais cultivé se monte un train de culture, les agriculteurs répètent ce raisonnement, qui n'en est pas un, par tradition, de père en fils. On a toujours rencontré des difficultés à faire adopter au peuple des campagnes une innovation, quelque utile qu'elle fût. Quel temps a-t-il fallu pour faire goûter l'avantage des roues à larges jantes ? Quelle peine a eue le célèbre Parmentier à doter son pays de la pomme de terre, de notre second pain ?

« Nos pères, diront-ils, n'ont pas défoncé et n'ont pas subi la maladie des pommes de terre. » Avouons-le, leurs pères et les nôtres n'étaient pas très-riches en expérience sur la culture de la pomme de terre : elle est d'introduction encore récente en France, et il n'y a pas longtemps qu'elle tient en grande culture le premier rang des plantes alimentaires. De plus, nos pères étaient moins ambitieux, moins avides de jouir que nous : ils cultivaient moins, ils cultivaient mieux. En outre, nul d'eux n'a vu deux années se succéder si différentes l'une de l'autre, l'une humide, l'autre sèche. Et puis, s'ils remarquaient, nos pères, que le sol arable n'avait plus assez de profondeur, ils donnaient à leur culture trois centimètres de plus de profondeur pendant l'année de jachère, pendant l'année de préparation pour la semence du blé ; mais ils n'ont pas vu tant de défrichements que nous ; ils n'ont pas vu que des spéculateurs en défrichements ont, d'un sol riche, obtenu des récoltes inouïes pour avoir simplement gratté la terre ; ils n'ont pas vu que d'anciens cultivateurs, croyant qu'il n'en fallait pas plus pour obtenir de belles moissons, ont négligé les saines doctrines, c'est-à-dire de conserver une certaine épaisseur au sol arable, de labourer au besoin trois centimètres de plus en profondeur ; ces hommes abusés se sont contentés d'un labeur artificiel. Les deux années fatales, 1845 et 1846, sont arrivées et les ont trouvés en défaut. N'est-il pas évident que si, comme leurs pères, ils avaient plus profondément labouré, de manière à avoir un sous-sol perméable (non comme je le demande, mais comme il est bon qu'il soit pour 1847 en attendant mieux, puisqu'il est déjà tard pour préparer la terre par un grand défoncement), oui, si seulement ils eussent fait comme leurs pères, cette triste maladie n'eût pas été si funeste.

Toute récolte, quelle qu'elle soit, profitera par le défoncement; mais on comprendra que, pour les blés, orges, avoines, la grande profondeur n'est pas aussi nécessaire que pour les pommes de terre; seulement, que le labour ait une profondeur de 12 à 16 centimètres, qu'il soit fait par des temps secs, qu'il soit bien exécuté, que le soc coupe complètement la raie et la sépare du sous-sol dur, de manière à ne laisser aucun obstacle à l'écoulement de l'eau sous terre.

D'anciens cultivateurs sont restés fidèles à la bonne habitude de leurs pères de conserver un sol arable profond, et, en 1845 et 1846, ils s'en sont bien trouvés, sans se rendre bien compte, peut-être, de la cause de leur bonheur. En effet, les cultivateurs en général ne s'expliquent pas assez à eux-mêmes les motifs qui les font cultiver de telle ou telle manière; ils font cela parce que leurs pères l'ont fait : s'ils en avaient cherché le motif et étudié l'effet, ils auraient pu suivre la routine, si elle était réellement bonne; mais, au moins, ils l'eussent suivie en connaissance de cause.

C'est donc aux membres et aux correspondants des sociétés d'agriculture et des comices à rechercher les causes des bons résultats qui se sont produits; c'est à eux à introduire, après en avoir fait une expérience bien approfondie, bien raisonnée, les innovations sérieusement utiles.

Voilà le seul moyen d'arriver au progrès : qu'on fasse expérience; une fois certitude acquise qu'une méthode est bonne, on en fait usage; au cas contraire, on la rejette. L'avantage de cette méthode, si elle en présente, sera remarqué et l'on ne tardera pas à l'adopter.

Ce qui met en garde contre une innovation, c'est que souvent un système est préconisé, seulement parce qu'on s'est laissé prendre à l'apparence. Puis, quand chacun a fait avec confiance usage du procédé, il est trompé dans son attente : le découragement, la défiance suivent nécessairement. Et l'on entend ce sophisme, tant de fois ridiculisé, tant de fois répété : « J'ai essayé une innovation que l'on proclamait avantageuse; cette innovation, bien loin de là, était évidemment nuisible; donc toute innovation est mauvaise. » Ainsi il suffit qu'une méthode soit nouvelle, pour que la prévention y fasse obstacle,

pour qu'elle rencontre une réprobation générale.
C'est d'exemple qu'il faut prêcher, en agriculture
comme en morale; et si, par des résultats, on
démontre qu'un système rapporte plus qu'un autre, les démonstrations les plus éloquentes sont
vaincues.

Mais qu'on fasse attention pourtant que nous ne
regardons pas comme chose nouvelle ce que nous
proposons ici. Nos pères l'avaient compris, et des
traces nous en restent. J'ai eu occasion de parler de
mes principes là-dessus à plus de vingt agriculteurs
de la Lorraine allemande qui, à une certaine distance, suivaient cette méthode et s'en trouvaient
bien : ils agissaient ainsi un peu en aveugles, il est
vrai; pourtant, ils ne se pouvaient guère tromper,
puisqu'ils jugeaient par les bons résultats. Tous ils
m'ont approuvé, tous sont déterminés à adopter le
défoncement, non, d'abord, de 32 à 33 centimètres;
mais, en croissant graduellement et en gagnant tous
les ans 3 ou 4 centimètres de plus.

En Lorraine, j'ai vu encore des cultivateurs faisant à l'automne un profond labour, pour planter
des pommes de terre au printemps suivant; comme
en plantant ensuite, ils labouraient moins profondément, ils se ménageaient ainsi un sous-sol perméable, dont ils se sont bien trouvés en 1845 et en 1846,
Non pas qu'ils n'aient pas eu une seule pomme de

terre pourrie, mais ils en ont eu incomparablement
moins que leurs voisins. Ces deux années-là ont
fait ouvrir les yeux, et c'est l'observation qu'on a
faite qui a fait songer au défoncement.

Que les cultivateurs ne se trompent pas sur le
nom de la chose : c'est bien *défoncement* que se
doit appeler cette œuvre fondamentale, et non culture profonde, bien que l'on prenne encore une
charrue pour l'exécuter ; car, si l'on devait cultiver
par la méthode ordinaire à cette profondeur, ce serait entreprendre un travail sans intelligence.

Je fais donc exception à la règle en recommandant un labour profond pour la campagne agricole
de 1847 à 1848 ; je parle ainsi, parce que l'année
est avancée ; c'est pour la même raison que j'indique le moyen d'arriver progressivement au défoncement, en ajoutant par an de 4 à 8 centimètres de
plus de profondeur, jusqu'à ce qu'on atteigne 32 ou
33 centimètres.

En faisant le défoncement complet de 32 à 33
centimètres de profondeur, dès la première année, on
donne au sous-sol le temps de se dénaturer, parce que
c'est là une opération faite pour longtemps, pour
la vie. Quand le défoncement est complété, quand
le sous-sol a eu le temps de se dénaturer, de devenir friable, meuble, perméable enfin, on ramène

l'ancien sol arable sur la surface, on fume le sol supérieur, on laboure peu profondément pour ne pas trop enterrer le fumier, enfin, on termine par une dernière culture soignée qui prépare la semence. Dès ce moment, on ne cultive plus que de 7 à 10 centimètres de profondeur, à moins qu'on ne veuille régénérer le sol par une culture de 16 centimètres, ce que l'on peut faire de temps en temps, quand on le jugera à propos. On doit comprendre que le fumier ne doit pas être profondément enterré : la pluie, après avoir traversé le sol arable pour filtrer à travers le sous-sol, y en introduit déjà assez.

Si l'on fait le défoncement graduel, par 4 ou 8 centimètres de profondeur de plus tous les ans, on n'obtient pas un défoncement aussi avantageux, parce que le fumier, qui devrait être dans la partie supérieure, se trouve continuellement mélangé avec la terre de tout le défoncement; et que cette terre, n'ayant pas le temps de devenir friable et perméable, ne produit pas un bon effet, si elle n'en produit pas un mauvais. C'est donc perdre du fumier mal à propos, puisque celui qui est dans la partie reposant sur le sol dur est perdu; qu'on ménage son fumier pour la partie supérieure qui reçoit la graine ou la plante, et la développe.

Je ne cherche qu'à faire comprendre qu'une culture profonde est bonne, qu'elle fait un pas vers le

défoncement, qu'elle a quelque chose de son mérite, sans en tenir lieu, tant s'en faut.

A d'anciens agriculteurs, je croirais inutile de
dire que les défoncements ne peuvent se faire de la
même façon dans tous les terrains ; mais, à ceux qui
n'ont pas la pratique de ces vieux amis des champs,
j'expliquerai les époques de ces défrichements et la
manière de défoncer, variable selon la nature du sol.

1° Dans une terre franche, dont le sol arable aura
une profondeur en humus de 32 centimètres, on
ne doit pas craindre de donner déjà la première
année une culture à cette profondeur, si la charrue
le permet. ( J'indiquerai plus bas une charrue qui
le permettra partout, excepté dans les terrains pier-
reux où elle pourrait rencontrer la roche.)

Mais il ne suffit pas que la terre soit riche en
humus pour que le défoncement produise un bon
effet ; il faut que toute l'épaisseur du défoncement
soit rendue friable et meuble, ce qui s'obtient par
un labour avant l'hiver. Les gelées, et plus tard le
soleil, produisent l'effet que l'on demande, ou bien
encore une saison de jachère par quatre ou cinq
cultures.

2° Dans un terrain dont le sous-sol est marneux,
de suite on peut défoncer à cette profondeur ; mais,
bien que le sol pût devenir en peu de temps friable

et meuble, il ne faut pas l'ensemencer immédiate-
ment, sous peine de voir brûler sa récolte. Toute
la matière qui compose le sous-sol défoncé doit avoir
le temps de se dénaturer, de s'évaporer; contenant
trop de chaux, elle en éprouverait un mauvais effet
dans le temps de sa force; le terrain doit rester au
moins un an sans être ensemencé, pour qu'il ait le
temps de prendre une autre nature, tout en recevant quatre ou cinq cultures.

3° Dans les terrains dont le sous-sol est argileux,
glaireux, c'est autre chose encore. Rien, comme
la terre glaise, pour retenir sa première nature; il
faut donc bien du temps, si l'on veut la lui faire
perdre, la rendre friable, meuble, si l'on veut lui
faire contenir une certaine quantité d'humus. C'est
en l'exposant à la gelée, au soleil, à la sécheresse,
que l'on obtient ces résultats; car la gelée et le soleil font à peu près ce que font la chaleur, la sécheresse suivie d'une petite pluie. Cette terre se divise
en y mêlant de l'ancien sol arable; au besoin, de la
paille hachée à 8 centimètres de longueur, ce qui
conserve mieux sa perméabilité.

Ainsi, deux hivers et deux étés ne seraient pas
trop.

4° Pour toute autre qualité de terrain, on doit
agir en conséquence, et ne pas craindre, eût-on

même affaire au tuf; prenant pour principe de tenir un sous-sòl meuble et perméable. C'est ici que l'intelligence de l'agriculteur doit se mettre en jeu.

Je comprends qu'on y regardera à deux fois avant de perdre une année dans les terrains marneux, deux ans dans les terrains argileux; une récolte dans l'un, deux dans l'autre. Que les cultivateurs y réfléchissent bien, ils ne perdront rien.

Où le sous-sol est marneux, le terrain est brûlant, il est mauvais; il est rare que la récolte paye les frais.

Où le sous-sol est argileux, la couche du sol arable est peu épaisse; alors, elle contient peu d'humus, peu de nourriture, à peine si la récolte couvre les déboursés.

« Autant, dira-t-on, laisser les terres en friche. » Je répondrai que cultiver, c'est faire du moins une économie de temps. Ce sera comme si l'on avait cultivé pour un étranger, et qu'on prît la récolte pour payer la culture et la semence.

Une femme louera une chenevière pour faire sa petite spéculation; au bout de l'année, si elle compte la location de la pièce, la culture, la semence, les journées qu'elle a employées, ce qu'il lui en coûte de parer le chanvre, son temps pour le filer, le tissage, etc.; le total fait, qu'aura-t-elle gagné? Elle vendra sa toile juste ce qu'il faut pour égaler le chiffre de la dépense. N'a-t-elle rien gagné? Doit-elle ne plus recommencer l'année suivante? — Qu'en arrivera-t-il? L'année se passera sans avoir bêché, semé la chenevière, sans avoir arraché le chanvre, sans l'avoir filé, enfin sans avoir employé au travail toutes les journées que l'année précédente elle y avait consacrées, journées comptées au budget des dépenses, dont le profit rentre dans sa poche. Comparant donc l'année chômée à l'année occupée, voilà la différence :

L'année occupée lui a fourni, au bout de l'année, une pièce de 100 mètres de toile à 1 fr. 50 c., total 150 fr.; elle a payé toutes les dépenses pour arriver à avoir cette toile prête à vendre, par son travail et ses économies; avec ses 150 fr., elle acquitte ses contributions, et se fournit de ce qui lui est le plus nécessaire dans son ménage. Au contraire, l'année chômée lui a fait passer dans l'oisiveté le temps qu'elle aurait employé à faire sa pièce de toile; car, pour payer sa location, elle a fait tant de journées de travail, tant pour parer le chanvre, tant pour tisser la toile. Au bout de l'année, elle se trouve dans l'embarras pour avoir chômé. En vain, dira-t-on, qu'elle aurait employé son temps ailleurs; on aurait raison, si elle l'employait mieux; mais, le plus souvent, elle ne l'emploira pas du tout.

Il en est de même pour les terres de non-valeur : si, en les cultivant, vous gagnez assez pour vous couvrir des frais, voilà tout ce que vous pouvez désirer ; c'est toujours, au bout de l'année, une économie. Les terres de bonne qualité doivent payer pour les mauvaises.

Si, au contraire, on sait tirer meilleur parti de ces mauvaises terres, on doublera, on triplera ses économies ; si, en perdant deux ans, on doit, la troisième année, faire une récolte équivalente au produit de quatre autres, certes le temps perdu sera bien racheté : outre que les années qu'on perd ne sont perdues qu'une fois, et qu'à l'avenir, chaque année doit amener sa récolte, et sa belle récolte.

Le défoncement nécessaire aux bonnes terres étant indispensable aux mauvaises, la question du fumier pourrait inquiéter ; mais, par ce que j'ai dit plus haut, on a pu voir qu'un terrain défoncé n'a pas besoin de plus d'engrais qu'un autre, que, bien plus, il le conserve mieux.

Je comprends que, si tout devait être fait à la fois, l'entreprise effrayerait ; mais loin de moi de donner un pareil conseil ! J'engage au contraire à faire peu et à faire bien, pour acquérir la preuve du bon effet qui en résulte. Quand on aura renouvelé l'essai un an, deux ans, trois ans, quand on sera sûr que le

même résultat en est produit, qu'on agisse en grand
alors. L'habitude est acquise, on a réussi ; la confiance et le courage sont venus, on ne ménage plus
et l'on recueille les fruits de sa persévérance : l'a-
griculteur se réjouit de voir ses peines couronnées
enfin du succès. Qui marche en plein jour, marche
avec courage ; qui marche dans l'obscurité n'avance
qu'en tremblant.

Faisons observer que, par cette nouvelle manière
de préparer le sol, les pommes de terre atteintes de
la maladie reviendront à leur état normal ; c'est-à-
dire que, plantant des yeux de pommes de terre
malades, pourvu qu'elles aient conservé leur qualité germinative, elles produiront des pommes de
terre saines. Si une année ne suffit pas pour toutes,
elles produiront à la seconde année, mais elles ne
se pourriront pas.

Ajoutons que le défoncement pour les terres de
grande culture ne se renouvellera de longtemps ; le
cultivateur ne doit plus s'en occuper que lorsqu'il
s'apercevra que le sous-sol a pris trop de consistance
et n'est plus assez perméable. En outre, le travail
sera plus facile ; car, une fois que la terre du sous-
sol est préparée au passage de l'eau, ses pores restent
toujours ouverts.

On comprendra aussi facilement que le sol arable s'use tous les ans, qu'il diminue d'épaisseur et qu'il en faut reprendre dans les sous-sol : je le répète, cela sera aisé.

Il en est de même pour l'engrais stimulant : si l'on n'en met suffisamment de temps en temps, on cesse de faire d'aussi belles récoltes. Qu'on me passe une citation vulgaire : « Pour faire un bon civet de lièvre, dit la cuisinière bourgeoise, prenez un lièvre. » Où l'on ne met rien, rien n'est produit. Je veux dire que le sol arable étant trop usé, il faut le régénérer, et par de la terre rapportée ou prise dans le sous-sol, et par le stimulant.

La plante a besoin d'un sous-sol perméable pour son hygiène, absolument comme l'homme et l'animal ont besoin de lit, d'un gîte pour se mettre à l'abri : faute de cela, leur santé souffrirait. Ce principe est applicable aux pommes de terre.

Que les cultivateurs de pommes de terre qui en logent beaucoup, que toute autre personne observe bien tous les ans, soit dans la cave, soit dans les celliers, que, si l'on n'a pas pris soin de couvrir le sol d'une couche suffisante de paille, de roseaux, de joncs ou de fagots, pour servir d'intermédiaire entre la masse de pommes de terre et le sol, au printems suivant, presque toutes celles qui couchaient sur le sol froid, si secs que soient la cave et le cellier, seront paralysées, au point de n'avoir plus aucune valeur ; il n'en peut être autrement, et en voici la raison :

Si la première couche de pommes de terre repose sur le sol nu, dès que les pommes de terre fermentent, ce qui arrive peu de temps après qu'elles sont dans la cave ou le cellier, elles suent. Cette vapeur s'échappe par le haut entre les pommes de terre qui alors se ressuient et restent dans leur état normal. Mais les pommes de terre, qui couchaient sur le sol nu et froid, ont aussi commencé leur fermentation, fermentation arrêtée aussitôt, d'un côté par le sol froid, de l'autre par la masse qui étouffait les pommes de terre. Ainsi, la vapeur ne pouvant s'échapper, cette sueur rentre dans les pommes de terre, les altère et les paralyse ; ou bien elles ne fermentent pas du tout, et le même effet est produit. Les Allemands, en Lorraine, nomment cet état des pommes de terre *vassert hart, boden hart, dur d'eau, dur de sol.* C'est donc une transpiration arrêtée ou une *intranspiration* qui les a ainsi altérées, paralysées.

Ces pommes de terre, néanmoins, paraissent aussi bonnes que les autres ; elles ont même une apparence plus belle, et l'on s'y trompe. C'est au couteau qu'on les reconnaît : en l'enfonçant, le morceau éclate, comme si ces pommes de terre étaient entièrement gelées, bien qu'elles ne soient pas si dures. Veut-on les faire cuire, pendant des heures entières elles résistent à la cuisson. Les mettez-vous en terre comme semence, elles n'ont plus de qualité germinative ; et, dans le temps qu'on arrache les autres, celles-ci sont restées dans l'état où on les a placées. Bref, avec l'apparence d'être bonnes, elles ne sont plus propres qu'à faire du fumier.

Je ne serais pas entré dans ces détails, connus de chacun sans doute, si je n'eusse voulu profiter de cette occasion pour démontrer que les pommes de terre, avec un extérieur rustique, ne sont rien moins que rustiques ; qu'elles sont, au contraire, fort sensibles ; que, par conséquent, il leur faut des soins pour garder leur bonne qualité, pour rester dans leur état normal.

Revenant au défoncement, je dois ajouter que le travail en doit être fait régulièrement à la même hauteur, sur les côtés et à chaque extrémité, aussi bien qu'au milieu, et que les raies doivent être tranchées par le soc de la charrue, de manière à les détacher complétement du sous-sol. C'est afin que l'eau des pluies puisse s'écouler facilement partout, en prenant sa fuite d'après la pente du terrain. Dans les endroits où cela n'est pas praticable à la charrue, on le doit faire à la bêche ou à la pioche.

Tout naturellement, là où le champ sera exposé

en pente, l'eau aura un écoulement facile; mais, là
où toute pente manquera, comme dans les terrains
plats, il sera nécessaire, partout où s'arrêtera l'eau,
de faire des fossés d'assainissement pour faciliter
l'écoulement, en prolongeant les fossés aussi loin
que besoin sera. On fera même ces fossés un peu
plus profonds que le défoncement, pour que le but
soit plus facilement atteint; autrement, par une
année pluvieuse, le défoncement ne produirait pas
son effet. Il est aisé de comprendre que l'eau, restant dans le sous-sol, formerait un marais, ce qu'il
faut éviter. Il est aussi intelligible que, dans certains cas, il faudra des travaux d'ensemble pour
atteindre le but, et ces soins pris rendront les travaux moins dispendieux. Plus tard, quand on aura
fait en petit l'expérience des bons effets que les défoncements doivent produire, le gouvernement
pourra prendre une mesure législative pour parvenir
à ce travail d'ensemble, mesure qu'il s'empressera
de prendre dans l'intérêt de l'agriculture.

On pourrait commencer les expériences de défoncement par vingt ares, plus ou moins, augmen-
tant progressivement tous les ans, à mesure que
l'avantage en serait démontré.

Il est déjà tard, en cette année 1847, pour faire
des défoncements de 32 à 33 centimètres; pourtant,
on pourrait ménager un sous-sol perméable, et

l'on s'en trouverait bien. On labourerait aussi profondément que le permettrait la bonne terre, on
herserait, on engraisserait ; enfin, l'on ferait une
seconde culture à moitié de profondeur, pour planter les pommes de terre derrière la charrue; ou
bien, l'on planterait à la houe, en faisant les trous
à moitié de profondeur.

## DE LA CARIE DU BLÉ

Si donc on pense, comme moi, que les pommes
de terre, placées dans un terrain défoncé sur un
sol perméable, ne souffriront plus tant d'une pluie
prolongée ou d'une longue sécheresse, si l'on croit
que cette position est indispensable pour leur hygiène, ne peut-on en tirer une conclusion non moins
intéressante? Que d'agriculteurs, anciens et modernes, se sont torturé l'esprit en des recherches de
tout genre sur les causes de la *carie* du blé! Si, dans
les conditions mentionnées plus haut de préparation du sol, les pommes de terre échappent à la
maladie que l'état de l'atmosphère des années 1845
et 1846 ont amenée, le problème des causes de la
carie du blé va peut-être se trouver résolu.

Ce n'est pas que la semence du blé soit placée
comme la pomme de terre, mais cette condition de
défoncement lui est pourtant nécessaire, afin que la

surabondance d'eau passe à travers le sol défoncé et aille prendre sa fuite entre les deux sols, afin que les racines ne baignent pas dans l'eau, enfin, pour que le blé soit placé dans une bonne condition hygiénique.

Quand le blé vient-il à se carier d'après les présomptions les plus raisonnables ? C'est lorsqu'il passe de fleur à fruit. Au moment de la maturation du blé, si le pied baigne dans l'eau ou le marais, cela doit influer pour produire la carie; je dis même que cela influe certainement.

Bien au contraire, le sous-sol absorbe-t-il la surabondance d'eau ? Le pied du blé sera dans son état normal; il fera bien sa floraison et arrivera à maturité sans danger; alors, point de maladie. Or, la carie n'est autre chose que la suite d'une maladie.

Les pommes de terre, après un trop long séjour dans l'eau, deviennent malades et se pourrissent : le blé, se trouvant dans les mêmes conditions par ses racines, doit devenir malade et se carier. Les mêmes causes doivent produire les mêmes effets.

On a remarqué souvent que certains épis portaient, d'un côté, du blé carié, de l'autre, du blé mûr. D'où cela venait-il ? De ce que, selon moi, au moment de la maturation du blé, s'il arrivait qu'il fît un temps humide, un temps froid ou qu'il fît grand vent, ce vent frappant toujours d'un même côté, le pied d'ailleurs étant dans une mauvaise condition et n'ayant pas assez de nourriture pour en pousser jusqu'à l'épi, la sève montait d'un côté et alimentait la graine, tandis que le vent interceptait la sève de l'autre, altérait les grains et amenait la carie.

On a remarqué aussi que, de plusieurs épis sortis du même pied, les uns présentaient de la carie, les autres montraient du blé mûr. D'où cela provenait-il? Suivant moi, le temps étant mauvais et le pied dans une condition fâcheuse, il y a assez de nourriture pour les uns et pas assez pour les autres; les plus vigoureux mûrissent, les plus débiles se carient.

Ne voit-on pas, sous les arbres des forêts, sous les charmes, sous les hêtres, des milliers de jeunes plants venant de semence? D'abord, tous paraissent vigoureux; mais, plus tard, les uns croissent, les autres périssent. Ceux qui survivent étaient évidemment dans de meilleures conditions. N'y a-t-il pas conformité pour tout autre végétal?

Souvent, par une année sèche, des épis tournent mal et donnent de mauvaises graines; d'autres blanchissent comme s'ils étaient mûrs, mais ne contiennent rien. Quelle en est la cause? C'est que le pied, dans une mauvaise condition, n'ayant plus assez d'humidité, ne peut plus fournir à l'épi sa nourriture : l'épi sèche et tourne mal.

Voici encore ce qui se rencontre souvent. Deux cultivateurs ont leurs champs limitrophes et sèment du blé du même tas, préparé ensemble, de la même manière; ils ont hersé le même jour, à la même heure : l'un a du blé carié, l'autre n'en a pas. Cela semble extraordinaire. D'où provient cette différence? De ce que l'un n'a pas toujours observé le beau temps pour cultiver son champ; de ce qu'il n'a pas bien cultivé; de ce qu'il a laissé des poutres dans le milieu; les extrémités, les côtés ont été négligés; il n'a pas veillé à assainir sa pièce pendant ou après les pluies; il y a laissé des eaux stagnantes. L'autre, au contraire, a labouré par le plus beau temps qu'il a pu rencontrer; il a labouré sa pièce au milieu, sur les côtés, à chaque bout, à la même profondeur; il a pris soin que le soc de sa charrue tranchât complétement la raie, pour qu'elle fût détachée du sous-sol, en sorte que l'eau pût fuir en dessous entre le sol arable et le sol dur; il a bien assaini sa pièce après et pendant les pluies. Son blé s'est trouvé dans de bonnes conditions et il ne s'est pas carié.

En Algérie, n'a-t-on pas du blé défectueux, raccorni? D'où naît ce mauvais résultat? De la mauvaise culture; les indigènes ne font que gratter la terre. Un terrain si mal cultivé ne peut donner qu'un mauvais produit. Leur blé se raccornit ; voici comment : la culture est mal exécutée; le terrain, n'étant pas meuble et n'ayant aucune profondeur, ne conserve pas longtemps l'humidité. Au moment de la maturation, viennent les grandes chaleurs, la grande sécheresse. La terre, ne contenant plus en dessous d'humidité, ne peut plus fournir une nourriture assez abondante, et le blé, surpris dans son développement, prend, par une maturité trop précipitée, une forme nécessairement défectueuse.

Résumons-nous : on doit, dans tous les pays du monde, défoncer pour avoir de belles récoltes; on le doit, surtout dans l'Algérie, si l'on en veut tirer un bon parti. Je compte en faire ressortir plus nettement les avantages dans un *plan de colonisation* de cette possession, que je me propose de soumettre incessamment à l'appréciation du Gouvernement.

### CHOIX D'UNE CHARRUE POUR LE DÉFONCEMENT

Comment exécuter les défoncements sur une grande échelle, pour avancer plus promptement? Sans doute, au moyen d'une charrue qui y soit propre. J'en vais signaler une qui présentera cet avantage.

La charrue qui, de toute celles que je connais, fonctionnera le mieux pour opérer un défoncement profond de 33 centimètres, est celle de M. Dombasle, célèbre agronome. C'est peut-être la meilleure charrue en usage en France.

Cette charrue, dite *américaine*, à âge cintrée, forte, sans avant-train, est disposée de façon qu'on y puisse adapter à volonté un avant-train propre à ce que nous voulons obtenir.

Cette charrue sans avant-train, au moyen de son régulateur, a l'avantage de pouvoir plus facilement atteindre les terrains accidentés ; elle a plus de force, plus d'action que munie de l'avant-train : peu de terrains résisteraient à la force qu'elle déploie pour un labourage de 33 centimètres ; il n'y a guère que la roche qui se montrera rebelle : en ce cas, toute tentative est inutile ; la seule ressource est dans les instruments à main.

Mais la tenue, la conduite de cette charrue sont différentes de celles d'une charrue avec avant-train : avec cette dernière, il faut appuyer sur les mancherons pour l'obliger à entrer en terre ; il faut soulever les mancherons pour l'en faire sortir. La charrue sans avant-train produit un effet opposé ; c'est une bascule. Serre-t-on sur les mancherons, le soc sort de terre ; les soulève-t-on, il y plonge. En tout cas, cette charrue, avec ou sans avant-train, est un instrument bien combiné, perfectionné, que je signale comme très-avantageux à la culture.

Quand on l'inventa, les anciens agriculteurs la rejetaient, comme il arrive pour toute innovation. Aujourd'hui, ces mêmes agriculteurs en ont fait l'acquisition et s'en félicitent ; bientôt, l'on n'en voudra plus d'autre, du moins en Lorraine.

Tout en est fer, fonte et acier, l'âge et les mancherons exceptés, pour cette charrue sans avant-train. Si l'on y laisse l'avant-train, il ne contient de bois que ce qui est indispensable. Cette charrue est donc lourde au bout du champ, quand on la tourne ; mais, une fois placée dans la longueur, elle fatigue moins que les autres : son poids et sa bonne construction lui donnent de l'aplomb. Elle est facile à régler avec ou sans avant-train, pour lui donner de la raie et de la profondeur. Avec la charrue, on peut prendre aussi un déversoir, ou oreille en bois, de rechange ; il est nécessaire, en certaines circonstances, selon la nature du sol, par la pluie ou par le beau temps.

Cette charrue, comme toutes celles qu'on a construites en fer et en fonte, a cela d'avantageux, qu'elle peut en cas d'accident, remplacer de suite les pièces usées ou cassées par d'autres toutes préparées que

l'on a achetées chez le fabricant en même temps
que la charrue, ou qu'on peut se procurer en indiquant seulement le numéro de la charrue. Ces pièces, se montant et se démontant à volonté au moyen
de vis, se laissent remplacer, sans qu'il soit besoin
de quitter l'attelée, ni d'avoir recours au charron
ou au maréchal. Or, on sait que les domestiques appellent de leurs vœux un semblable accident, pour
avoir occasion de prendre un peu de loisir aux dépens de leurs maîtres.

En employant d'autres charrues, des charrues en
bois, vous subissez deux inconvéniens : d'abord, celui de recourir au charron ou au maréchal, et de
perdre par là une attelée précieuse ; puis, celui d'a-
voir cassé ou usé une pièce qui fonctionnait bien,
et de la remplacer par une autre qui souvent fait
mal son office, nuit à l'effet général de la charrue et
peut occasionner une mauvaise culture.

Souvent aussi les charrues ordinaires pèchent on
ne sait par où ; le domestique, le fabricant lui-
même l'ignore. Comment réparer le désordre? un
bon cultivateur le sait ; mais peut-il suivre toujours
son domestique?

Au moyen de charrues en fer et en fonte bien
construites, on évite ces désagréments. Elles coûtent plus, il est vrai ; mais le prix d'achat est cou-

vert dans l'année même par les bons résultats qu'on en obtient.

Je m'attends à une objection; chaque laboureur voudra-t-il, pourra-t-il se soumettre à une dépense de 130 à 140 francs, prix de la charrue prise sur les lieux à Nancy, avant-train compris? Que l'on fasse comme on pourra, répondrai-je; en attendant, qu'on veuille imiter les Allemands auprès desquels nous pouvons prendre des leçons d'agriculture, comme l'administration forestière en a puisé de sylviculture.

Or, que font les Allemands en pareil cas? En Allemagne, ou du moins dans le duché de Baden, quand le Conseil d'Agriculture a décidé que tel instrument aratoire avantageux devait être adopté, les communes sont autorisées à en faire l'acquisition. Dès lors, chaque cultivateur a le droit de s'en servir, en payant telle somme désignée par hectare de terre, jusqu'à ce que l'instrument soit payé. De ce moment, on peut s'en servir gratuitement. S'il a besoin de réparations, s'il faut le remplacer, on recommence à payer.

Notons bien qu'on ne parle ici que d'instruments aratoires dont on ne fait usage qu'en certaines saisons de l'année, tels que extirpateurs, scarificateurs, semoirs, etc. ; et non de ceux dont on fait un emploi continuel.

Ne pourrait-on pas faire la même chose en France, en commençant par la charrue de Dombasle ou une autre ? Je cite ici celle de M. Dombasle comme celle qui fonctionne le mieux à ma connaissance, laissant du reste toute liberté, bien entendu.

### DE LA REPRODUCTION DES POMMES DE TERRE PAR SEMIS ET DE SON RÉSULTAT DÈS LA PREMIÈRE ANNÉE

*Manière de récolter la semence.*

On doit prendre les bulbes *porte-sémence* sur les pieds des meilleures variétés, les plus grosses et les plus mûres ; les placer à l'ombre, au sec, sur une couche de paille ; les y laisser jusqu'à ce qu'elles soient comme on dit *blettes* ou molles ; passer à une étamine très-fine de la cendre ou du sable, que l'on fait tiédir pour le rendre friable ; prendre les bulbes les unes après les autres, en les serrant entre les doigts pour que la moelle et la graine en sortent et tombent sur la cendre ou le sable ; cela fait, manier le tout comme on le ferait pour préparer une pâtisserie, ayant soin d'y mettre beaucoup plus de cendre ou de sable qu'il n'en faut, pour que les deux matières réunies ne puissent prendre aucune consi-

stance, qu'elles puissent tomber comme du son (ce
travail a pour but de faire absorber la moelle et
l'humidité par la cendre ou le sable); enfin, quand
le tout est en pleine siccité, en poussière, le repasser à la même étamine. La graine reste au fond.

L'on n'a plus qu'à placer cette graine à l'ombre,
au sec, sur une table, jusqu'à ce que, parfaitement
ressuyée, elle ne courre plus risque de moisir. Mise
en sachets, on la serre en un lieu sain jusqu'au moment de l'utiliser. Si elle est en bonne condition,
elle conservera, pendant dix années, sa qualité germinative.

### Semis.

Qu'on prépare un terrain à l'abri, comme pour
semer des choux; qu'on répande la semence assez
clair pour pouvoir biner entre, quand elle sera levée,
à la volée ou en rayons; qu'on couvre de fiente de
cheval fort menue pour abriter la semence et empêcher les pluies battantes de faire une croûte sur la
surface. Quand la semence est levée, tenez la pépinière nette d'ordures, la terre toujours bien meuble.
Quand les plantes sont de la grosseur et de la hauteur d'un tuyau de pipe de terre ordinaire, arra-
chez-les avec précaution et repiquez-les avec soin
c'est-à-dire détachez les plantes avec toutes leurs
racines, de manière à ne pas les altérer; enfin, agis-

sez avec ces plantes, comme vous le faites avec les choux, le tabac, les betteraves. La question est de les repiquer, de les faire reprendre, de les biner autant qu'il est nécessaire et de les butter. Je répète qu'il est important de tenir la pièce nette d'herbes parasites, et bien meuble.

La pièce où se repiquent les plantes doit être préparée comme si elle devait recevoir des choux, du tabac ou des betteraves, avec ni plus ni moins de soin.

Les plants de semis doivent être repiqués à la distance ordinaire des pommes de terre. Car, ces plants devant produire comme les tubercules, le produit serait chétif, si l'on n'observait pas de garder la même distance.

Dans cette condition, et comme, pendant dix années, je les ai toujours plantées, on obtiendra les mêmes résultats que si l'on avait planté des tubercules. Qu'on en fasse l'essai : qu'on prépare un terrain de 20 ares, qu'on fume, qu'on cultive bien. Le jour où l'on repiquera les pieds de semis, on placera des pommes de terre en terre, soit 10 ares en plants de semis et 10 ares en tubercules. J'ose affirmer que, pesant le produit de la récolte, s'il y a une différence, elle sera en faveur des 10 ares de semis.

Les semis en pleine terre à l'abri doivent se faire aux mois de janvier, février et mars; plus tard, il faut semer sur couches, sous bâche ou sous vitraux, pour aller plus vite, parce que la semence est lente à lever.

On comprendra du reste qu'à semer sur couches ou sous vitraux, il y a des précautions à prendre pour habituer peu à peu les jeunes plants au grand air. Il faudra prendre soin de donner de l'air, pour empêcher le semis de se lancer, pour donner du corps à la tige et fortifier les racines. Il est urgent enfin que, quittant la couche pour être repiqués en pleine terre, les plants n'aient pas à souffrir du grand air; autrement, ils seraient mangés par le vent, ou deviendraient frêles et languissans.

Ceci ne s'adresse pas aux horticulteurs, qui là-dessus en savent plus que nous; mais aux personnes qui n'ont pas l'habitude de se servir de couches. Se servant de vitraux surtout, sans ces précautions, elles seraient exposées à des déceptions cruelles. Ceci n'est qu'un jeu pour les jardiniers; mais les personnes, qui n'en font pas usage ordinairement, feront mieux de s'en passer le plus possible, en semant de bonne heure en pleine terre à l'abri.

Pendant dix ans, j'ai semé et repiqué des pommes de terre, et chaque année a amené le même résultat, avec la différence seulement que devait produire une année plus ou moins favorable. Ce que je propose n'est donc pas à l'essai : l'expérience a prononcé. Bien plus, le nombre de pieds repiqués donnait en proportion un nombre aussi élevé de bulbes *porte-semence* que les pieds provenant de tubercules ; bulbes en pleine maturité, c'est-à-dire dont la semence avait qualité germinative.

Qu'on sache, du reste, qu'il ne me fût pas venu à la pensée de parler de mes semis en pommes de terre, croyant que chacun faisait comme moi, si, en lisant les journaux, je n'avais eu lieu de remarquer que, sous ce rapport, la masse des agriculteurs était peu avancée. J'ai dû, dans l'intérêt de l'agriculture, faire naïvement connaître ce que j'en savais et publier le résultat de mes expériences.

J'ajouterai que je n'ai pas semé par économie de semences, car il ne doit pas y avoir d'économie en semant, si ce n'est peut-être dans une année comme 1847.

J'ai semé, pour connaître le rendement, pour savoir ce qu'on pouvait, la première année, obtenir par semis. Je n'ai pas semé non plus pour obtenir de meilleures variétés : j'ai la conviction que les variétés de la localité que j'habite présentent ce qu'il y a de mieux.

J'ai donc remarqué par mes expériences qu'au moyen de semis, pour peu qu'on eût la patience de semer et de repiquer, l'on pouvait déjà, dès la première année, obtenir les mêmes résultats qu'en plantant des tubercules.

J'ai remarqué que c'était un moyen précieux d'obtenir de nombreuses variétés, chaque pied offrant des pommes de terre de couleurs et de nuances diverses.

J'ai remarqué enfin que les variétés n'avaient pas, la première année, la forme qu'elles devaient obtenir plus tard ; on ne pouvait donc les dénommer et les classer que la seconde ou la troisième année. Alors seulement elles avaient pris la forme qu'elles devaient conserver. C'est une masse féculente, pleine de vie, qui promet beaucoup.

Non, dans notre localité, il n'y eût pas eu économie à semer et à repiquer, puisque les 110 litres de pommes de terre se vendaient, le choix, 1 fr., 1 fr. 25 c., 1 fr. 50 c., 1 fr. 75 c., 2 fr., 2 fr. 25 c., et tout au plus 2 fr. 50 c. ; les petites, 50 c., et cela des meilleures variétés que je connusse.

On sème donc pour obtenir des variétés ; il y a un autre motif. L'on voudrait quelquefois introduire une bonne variété nouvelle, mais, le terrain de la localité ne lui convenant pas, elle est rebelle et dégénère bien vite. Pour conserver et alimenter cette variété, qu'on s'en procure de nouvelles, qui soient

bien franches, de la variété même que l'on désire ;
on en recueille des bulbes bien mûres, et, au moyen
du semis, l'on pourra en obtenir qui s'acclimate-
ront et ne dégénèreront plus. Ainsi des hommes
qui changent de climats : deux jeunes gens, homme
et femme, iront s'établir à la Guadeloupe ; ils y
souffriront de la chaleur et n'y jouiront pas d'une
bonne santé ; les enfans qui leur naîtront s'y trouveront tout acclimatés.

Je parlais tout à l'heure du prix des pommes de
terre dans ma localité, c'est que j'en achetais, bien
que, par an, j'en plantasse 8 à 10 hectares. J'en
achetais parce que j'avais, à mon train de culture,
une marcarie (1), une distillerie de pommes de terre,

(1) Une personne éclairée, que j'ai vue à Paris, m'a demandé ce que
j'entendais par ces mots : *marcarie, marcare*, et leur étymologie. Je les
ai cherchés en vain dans plusieurs dictionnaires savants, et voici ce que j'en
puis dire :

Dans la Lorraine allemande, on nomme *mascarie* la vacherie, et
*mascare* le domestique qui trait les vaches. Ces mots se prononcent di-
versement, les uns disent *marcarie, marcare*, d'autres, *malcarie, malcare*, d'autres enfin, *malcairie, malcaire*. Ces différentes manières de
prononcer viennent de ce que ces mots ne sont pas définitivement intro-
duits dans la langue.

Or, voici l'étymologie que je crois raisonnable ; suivant moi, ces mots
viendraient de *melken*, infinitif du verbe allemand qui signifie traire ;
*melker*, garçon qui trait les vaches, substantif masculin, et *melkerée*,
vacherie, substantif féminin.

Des mots *melken, melker*, on aurait fait celui de *marcare* ou *malcare*
ou *malcaire*.

Du mot *melkerée*, on aurait fait celui de *marcarie*, ou *malcarie*, ou
*malcairie*.

dont les résidus servaient à nourrir, à engraisser les bestiaux de mon exploitation. Je mettais en œuvre un appareil distillatoire à la vapeur, d'après un procédé nouveau et excellent; les préparations des matières, pour arriver aux macérations, se faisaient au moyen d'une mécanique, d'un manége, le tout avec un tel ordre que les rendements étaient assez réguliers. A quoi bon cette explication ? A prouver que là j'ai pu juger de la qualité des pommes de terre, d'après leurs variétés, d'après la nature du terrain où elles avaient été plantées et cultivées; et que notre localité possédait les meilleures variétés et une bonne nature de terrain.

C'est la quantité de fécule que contiennent les pommes de terre qui constitue leur principale qualité, parce que c'est la qualité féculente qui fournit

Je ne sais pourquoi j'ai adopté *marcarie*, *marcare*, car la prononciation la plus raisonnable, d'après l'étymologie, devrait être *malcarie*, *malcare*.

On nomme, en France, *bouvier*, le garçon qui soigne la race bovine; puisque l'on dit *vacherie*, que ne dirait-on *vacherine*. Or, le mot *bouvier* se traduit en allemand par *ochsen treiber*, garçon qui chasse ou qui pousse les bœufs; ou *ochsen hirt*, surveillant ou hardier de bœufs : c'est, du moins, ce qu'on trouve par la décomposition des mots: *ochsen*, bœufs, *treiber*, qui chasse, qui pousse; *ochsen* bœufs, *hirt* surveillant, hardier, comme on dit en Lorraine.

Il n'est pas surprenant que, dans la Lorraine allemande, on se serve de dénominations sorties de la langue allemande ; mais il est singulier que la langue française, pour établir l'étymologie du mot qui doit désigner la race des vaches, ait fait choix du nom de l'individu qui ne peut plus se reproduire; car *bovine* vient de *bœuf*, et le bœuf est dans ce cas. C'est comme si, pour la race chevaline, l'on disait la race *hongrine*.

le rendement en alcool comme en fécule ; mais c'est la variété et la qualité du terrain qui donnent la saveur, le goût plus ou moins agréable des pommes de terre.

## DÉFONCEMENT POUR L'HORTICULTURE

Nous avons parlé du défoncement pour l'agriculture, voyons son influence pour l'horticulture, pour les plantations en général.

J'ai dit déjà que, pour l'horticulture, les défoncements devaient avoir une profondeur de 1 mètre à 1 mètre 20 centimètres, ou de 3 pieds à 3 pieds 1/2. Beaucoup de personnes crieront à l'exagération ; mais les horticulteurs savent bien que l'idée d'un aussi profond défoncement n'est pas nouvelle : entre autres horticulteurs qui le recommandaient, je puis citer le célèbre La Quintinie. Jusqu'à ce jour, on n'en a guère tenu compte, ou l'on ne le pratique que très-rarement pour deux motifs : 1° parce que cela occasionne une grande dépense; 2° parce qu'on n'en connaît pas le mérite, qui est immense ; 3° parce qu'enfin les défoncements qu'on a tentés n'étaient pas dans toutes les conditions nécessaires pour produire leur effet.

Et d'abord, si l'on ne veut cultiver que des légumes, le défoncement à cette profondeur n'est pas nécessaire : 33 à 50 centimètres suffiraient. Mais, une fois occupé du défoncement pour les légumes, que ne l'exécute-t-on pour les arbres ? Je veux bien que, pour l'instant, on ne songe qu'aux légumes ; mais il faut jeter un regard dans l'avenir ; car, tôt ou tard, les successeurs du propriétaire actuel planteront des arbres, et le travail sera tout fait : outre que le défoncement est une valeur qui vaut souvent autant que la propriété elle-même.

Si l'on se pénétrait bien de l'avantage du défoncement, pauvres et riches s'y soumettraient : ces défoncements sont faits pour des siècles.

Ces défoncements se feront à la bêche, à la houe, à la pelle ; en les exécutant avec intelligence, on pourra ménager le sol supérieur pour recouvrir le défoncement ; la bonne terre alors restera sur la surface du jardin.

Des arbres et arbustes plantés dans un défoncement devront donner une végétation luxuriante et produire de beaux fruits : on le voit assez, partout où l'on plante des arbres sur des terres rapportées, quelque mauvaises qu'elles soient.

D'où vient que les fruits sont plus véreux les années sèches que les années ordinaires ? De ce que, les racines étant posées sur un sol dur et imperméable, qui ne contient plus assez d'humidité, la terre ne contient plus assez de nourriture; alors la sève n'est plus assez abondante, et le fruit languit et devient véreux. Ainsi la vermine s'attache aux animaux qui languissent faute de nourriture.

D'où vient que les fruits prennent quelquefois une mauvaise qualité, que les poires, par exemple, deviennent pierreuses? De ce que, les racinees posant sur une terre mauvaise, et surtout imperméable, le fruit prend nécessairement la qualité du terrain. Si ce terrain était défoncé, la terre serait mêlée; les racines prenant plus de nourriture, le fruit serait meilleur.

Je le dis franchement, le défoncement n'est pas la seule dépense à faire, la seule difficulté à lever : il y faut ajouter, pour qu'il produise son effet, la condition d'assainissement, comme, par exemple, la préparation de fossés pour la fuite des eaux par le sous-sol. Il faut un travail d'ensemble; car on n'aurait plus qu'une cave sans conduit, où l'eau entrerait sans en pouvoir sortir.

Dans les villes, dans les villages, on fait des aqueducs, des conduits pour faire sortir les eaux : ne pourrait-on pas faire ainsi des fossés en dehors des jardins, où s'iraient perdre les eaux de filtration?

### DU DÉFONCEMENT DES TERRES EN ANGLETERRE

Plusieurs personnes que j'ai rencontrées au Congrès comme déléguées des Sociétés d'Agriculture, plusieurs membres de la Société royale et centrale d'Agriculture avec lesquels je me suis entretenu de mon mémoire sur le mérite du défoncement comme je l'entends, m'ont objecté que le défoncement n'avait pas tout le mérite que je lui attribuais ; que les Anglais défonçaient à grands frais, et que, comme dans tous les autres pays, ils avaient eu des pommes de terre malades et pourries ; qu'enfin, si ce que je propose de faire était réellement bon, ils l'auraient depuis longtemps imaginé.

Pour répondre à cela, j'ai à avouer que je reconnais les Anglais, aussi bien que les Allemands, pour nos aînés, pour nos maîtres en agriculture ; j'ajouterai pourtant qu'avec leur esprit plus inventif que celui des Français, ils n'ont pas imaginé tout ce qui a été mis en pratique jusqu'à ce jour ; que les Français aussi ont apporté à toute industrie leur contingent d'utiles inventions ; qu'enfin il n'y a pas de raison pour qu'un agriculteur français se prive du mérite d'introduire une innovation bienfaisante qui vienne améliorer l'agriculture dans tous les sols et dans tous les climats.

L'avantage du défoncement, tel que je le propose, m'est si bien démontré, qu'en soumettant mon mémoire aux observations, à l'appréciation des sociétés d'Angleterre et d'Allemagne, les plus sévères comme

les plus sages quand il s'agit d'admettre des innovations, je reste convaincu qu'elles seront les premières à juger favorablement de la methode que je
propose pour l'amélioration de l'agriculture.

En défonçant, les Anglais ne veulent pas faire voir
le jour à la terre du sol; c'est ce qui leur a fait in-
venter la *charrue-taupe*, qui remue le sous-sol, le
rend meuble, mais ne le ramène pas à la surface.
J'ose soutenir qu'en agissant ainsi, ils ne font pas
preuve de cette haute intelligence qu'on leur attribue et qu'ils ont véritablement.

En remuant le sous-sol avec leur charrue-taupe,
ils ont en vue de le rendre meuble; en faisant des
conduits souterrains, ils cherchent à assainir la
terre; par ces deux opérations, ils prouvent suffisamment qu'ils cherchent le but que j'ai atteint;
mais quels frais! quel résultat incomplet! Il est de
toute impossibilité qu'avec ces conduits, avec ce
défoncement, ils puissent suffisamment assainir le
sol; ils ont entendu le sifflement du vent, ils ne savent pas encore d'où il souffle.

Pour assainir la terre, il faut rendre le sous-sol
perméable; pour le rendre perméable, il faut le dénaturer; pour le dénaturer, il faut le ramener à la
surface et le soumettre, pendant un certain laps de
temps, à l'action de l'air, de la gelée, du soleil. Par

diverses cultures, il faut, en lui laissant le temps nécessaire pour cela, le rendre friable et meuble. Enfin, il faut le mettre en un état tel qu'il soit tout préparé à devenir un véritable humus. Cet état d'humus arrive bientôt, quand, retourné dans sa première place de sous-sol, il reçoit sur lui le sol arable, qui, tout chargé d'engrais, en laisse, comme nous l'avons dit, échapper une partie au moyen des pluies. Alors il a acquis une qualité qu'il n'aurait jamais eue, s'il n'eût été soumis à nu aux influences atmosphériques.

Les Anglais, instruits de cette innovation, ne la laisseront pas échapper; leur calcul sera promptement fait. « Si je dois, dira l'agriculteur, perdre une ou deux mauvaises récoltes, moyennant quoi, la troisième année me dédommagera au quadruple, qu'y perdrai-je? » C'est, qu'en effet, ce travail est une valeur de fonds; il n'est pas à renouveler comme la culture; une fois le défoncement fait et bien fait, l'on n'a plus à cultiver qu'à 10 à 13 centimètres de profondeur. Il profite non-seulement aux pommes de terre, mais à toutes les récoltes généralement; l'on prendra dans le sous-sol au fur et à mesure des besoins.

Mais, je le répète une fois encore, qu'on ne commence que par une petite quantité, en y mettant la perfection. En a-t-on vu les bons effets, qu'on étende et qu'on applique en grand le défoncement; enfin,

qu'on n'oublie pas cette dernière recommandation :
si le terrain qu'on a défoncé est sans pente, qu'on y
prépare des fossés d'assainissement plus profonds
de 3 à 6 centimètres que le défoncement.

Je l'ose prédire avec assurance, si le travail a été
exécuté avec intelligence, on ne sera plus mauvais cultivateur que par négligence et inconduite.
Or, on sait quelle influence ont sur le moral le succès,
d'abondantes récoltes devenues la récompense du
travail; rien ne coûte plus pour bien faire, on re-
double de soins, on met au service de son travail
toute l'intelligence qu'on a reçue. On sait aussi les
fâcheuses conséquences de l'insuccès en tout genre
de travail.

## DU DÉFONCEMENT DES TERRES EN BELGIQUE ET EN HOLLANDE

« En Flandre, me dira-t-on, dans les Pays-Bas, il y
longtemps qu'on défonce, et la maladie de la pomme
de terre a fait là aussi de cruels ravages. Le défoncement n'a point été utile, puisque les pommes de
terre se sont pourries. » Que répondre à cela ?

1° Le défoncement en Belgique a toute la profondeur désirable, puisqu'on lui donne 33 centimètres
et plus, dit-on; mais il n'est pas dans la condition
que je demande; il n'y a point là l'assainissement
du sous-sol perméable par des fossés de 5 à 6 cen-

timètres plus profonds que le défoncement, et sur le sol dur, il y a de l'eau qui séjourne. L'année 1845 était trop humide, l'air étant chargé d'humidité, le bas-fond en étant rempli, la récolte s'est trouvée placée entre ces deux humidités, l'une sortant de terre, l'autre y pénétrant; si le sol eût été assaini, la récolte se fût trouvée du moins dans une position soutenable;

2° En Belgique, tous les ans, la terre est remuée à une grande profondeur, par conséquent ne se repose jamais et s'épuise. L'important n'est pas d'y mettre toujours de l'engrais, la terre fournit la partie principale; si la terre est épuisée, tôt ou tard la récolte s'en ressent. La preuve en est que les jardiniers intelligents renouvellent de temps en temps le terreau de leurs couches par de la terre franche et en éprouvent un bon effet. En Belgique, en Hollande, en Angleterre, les terres sont, en quelque façon, traitées comme des couches; on les charge continuellement et d'engrais et de nouvelles récoltes une ou deux fois par année; on abuse, et l'on perd tout. C'est la terre vierge qui manque ou qui y est épuisée. Une partie de l'Alsace est aussi dans ce cas.

Si, en Belgique, en Hollande, en Angleterre, on voulait suivre la méthode que je propose, bientôt on s'en trouverait bien. Pour cela, il faudrait que les cultivateurs eussent soin d'assainir le défoncement par des fossés ayant 5 à 6 centimètres de profondeur de plus que le défoncement. Leurs champs se composeraient, comme je l'ai dit, de trois sols : le sol arable, le sous-sol perméable et le sol dur.

La première année, ils laboureraient à 11 centimètres, ou 4 pouces, pour faire leur récolte de 1848 ; en 1849, ils laboureraient à 16 centimètres, ou 6 pouces : alors la surface du sol arable se trouverait en dessous et se reposerait une année. En 1850, ils laboureraient encore à 16 centimètres, ou 6 pouces, pour ramener sur la surface l'ancien sol arable reposé ; continuant toujours ainsi, en sorte que la surface qui est destinée à produire la récolte se soit toujours reposée l'année précédente; et, si l'on engraisse la surface, le sol y gagnera toujours, tout en se reposant.

## DU DÉFONCEMENT POUR LA CULTURE DES ARBRES

En toute circonstance, pour l'horticulture comme pour l'agriculture, je vois avantage à défoncer.

Souvent les arbres, ceux surtout qui sortent des pépinières, deviennent chancreux, prennent une tournure déplaisante, et donnent à leurs fruits une forme défectueuse.

La raison en est que le sous-sol n'est pas défoncé ; les racines touchent bientôt le tuf ou un mauvais terrain qui ne peut donner qu'une fâcheuse nourriture, s'il ne la refuse pas entièrement ; les racines qui doivent pivoter, ou qui ont besoin de pénétrer en terre plus profondément, en sont empêchées par le mauvais terrain qu'elles rencontrent; les racines traçantes, c'est-à-dire celles qui parcourent la surface du sol cultivé, étant mutilées par la bêche ou la pioche, quand on donne la culture du jardinage, ont trop souffert : et tronc, et branches et fruits, tout doit nécessairement mal tourner.

Les arbres des pépinières deviennent encore chancreux, si, sortant d'une pépinière assez bien soignée et défoncée, ils sont transplantés dans un terrain qui ne l'est pas. Pendant deux années, ils vont bien; mais les racines arrivant au tuf ou à un terrain humide, mauvais par une raison quelconque, le sujet devient chancreux ou languissant. On s'en prend à la pépinière; c'est le terrain où on les transporte qui fait tout le mal. Par une année humide, faire un trou de quatre pieds carrés ne suffit pas : on ne fait ainsi qu'une citerne à boue ou un marais; c'est le défoncement qu'il faut, avec condition d'assainissement.

Une autre raison qui fait languir l'arbre, c'est que, si les racines rencontrent l'eau, elles se pourrissent, et l'arbre entier en pâtit.

D'où vient encore que très-souvent les arbres qui

fleurissent bien ne rapportent pas de fruits ? De ce
qu'au moment de la floraison, les racines de l'arbre,
étant dans une mauvaise condition, ne peuvent fournir assez de nourriture pour donner à l'arbre la
force de nouer son fruit.

Certes, si les terrains en plantation d'arbres
étaient défoncés à 1 mètre ou 1 mètre 20 centimètres de profondeur, si ce défoncement était fait
avec assainissement par des fossés d'écoulement, les
racines pourraient plonger et tracer à leur aise,
sans craindre de rencontrer le tuf, un mauvais terrain, ou enfin l'humidité ; elles puiseraient une
nourriture suffisante pour alimenter tout l'arbre
complétement.

On dira : « C'est la même terre, c'est le même tuf, »
et cela est vrai. Mais cette mauvaise terre et ce tuf
sont devenus perméables ; les eaux des pluies passent au travers et ne sont plus stagnantes : saturées
par la richesse du sol supérieur, elles se dénaturent
au profit du sol inférieur et l'enrichissent à son
tour; il devient capable d'alimenter l'arbre.

Aux jardins comme aux champs, le défoncement
procurera l'avantage de ne pas laisser autant souffrir
la végétation, soit en année humide, soit en année
sèche. Dans le premier cas, le sol boira l'eau sans
la retenir ; dans l'autre, le soleil pompera dans le

sous-sol, aussi bas qu'il sera défoncé, l'humidité nécessaire pour alimenter la végétation.

Ceci est applicable à la vigne, qu'elle soit sur une pente aussi inclinée qu'on voudra, ou qu'elle soit en terrain plat. Ceci serait applicable aux forêts, si les frais qu'entraînerait l'entreprise ne défendaient pas d'y songer.

J'aurais bien à proposer un moyen propre à forcer l'eau de s'infiltrer en terre et à procurer ainsi une certaine humidité dont sont privées les forêts, à leur grand dommage, dans les années sèches ; mais il n'est pas entré dans mon plan de parler des forêts. D'ailleurs, oserais-je bien en ouvrir la bouche ? Messieurs les agens auraient lieu d'être peu satisfaits, lorsque je viendrais à aborder certaines améliorations qu'ils pourraient, qu'ils ne veulent pas ou qu'ils ne savent comment faire. On les dit fort à craindre.

### DE L'INFLUENCE DU DÉFONCEMENT SUR LE CLIMAT DE L'EFFET QU'IL DOIT PRODUIRE DANS LE MONDE ENTIER PUISQUE PARTOUT IL EST NÉCESSAIRE

Les savants recherchent la cause du redoublement des inondations, des tempêtes, de ces sécheresses momentanées et quelquefois trop longues, du retour plus fréquent des ouragans, des trombes d'eau, fléaux qui nous poursuivent depuis quelque temps d'une manière si désastreuse.

On les a attribués au défrichement des forêts : cela peut être ; la terre ne contiendrait plus assez d'humidité ; le vent ne serait plus arrêté par les forêts et, par là, nuirait aux récoltes en se rabattant sur le sol, et commettrait des ravages.

Voici ce que je pense. Que n'ai-je la plume élégante et facile d'un de nos grands écrivains pour rendre ici mes idées ! J'essayerai pourtant.

La terre étant en général trop compacte, et peut-être, en beaucoup de régions, dans son état primitif, est trop dure, et, par ce fait, imperméable. Si de grandes pluies arrivent, elles ne pénètrent pas ce sol, qui résiste par son imperméabilité ; elles coulent des montagnes, des côtes, dans les bas-fonds ; ne rencontrant plus l'obstacle des forêts, elles vont en masse couvrir un point quelconque, occasionnent par les inondations mille affreux désastres.

La terre, ne contenant que bien peu d'eau, est promptement ressuyée par l'air ; si quelque grand vent vient à souffler à sa surface, ne trouvant plus de quoi se désaltérer, il s'irrite, se déchaîne, s'attaque à tout ce qu'il rencontre, arbres, maisons ; il semble vouloir aller puiser l'eau qu'il réclame dans les entrailles de la terre ; il fait effort, il veut arracher ; la résistance cause une horrible catastrophe : voilà l'ouragan.

Si , parcourant la surface de la terre , si , altéré , il rencontre une masse d'eau , il y puise et y
puise encore, remplissant ainsi son réservoir aérien.
La digue vient-elle à se déchirer, l'eau se précipite
sur un point quelconque et y multiplie d'affreux
ravages ; c'est la trombe d'eau.

Parlons des grandes sécheresses : on a remarqué
que les orages, ayant pris une certaine direction,
s'y maintiennent, et qu'il arrive qu'un point souffre
de la sécheresse, un autre de l'excès d'humidité, jusqu'à ce que la pluie, gagnant de proche en proche,
fasse partout sentir son influence. Car la terre, une
fois mouillée, exerce sur la pluie une grande puissance d'attraction.

Depuis ces grands défrichements, les vents parcourant la surface de la terre, ne sont plus arrêtés
par les forêts et ne laissent plus d'abri. Nous ne re-
voyons guère ces matinées sereines où l'on se plai-
sait à étudier les travaux de l'abeille. On croit retrouver de temps à autre une de ces heureuses
journées ; la matinée s'annonce brillante, la mouche
commence son butin ; soudain le vent se fait sentir,
l'abeille regagne sa ruche , et l'on rentre avec un
regret.

Je crois que, si l'on pouvait parvenir à défoncer
tout le sol arable, à remanier les prairies, à pousser

ce travail régénérateur jusque sur les montagnes,
le sol, devenu perméable à 33 centimètres de profondeur, permettrait aux eaux de s'introduire, à la
terre de s'imbiber. L'eau se ferait un passage ordinaire sous le sol, entre le sol défoncé et le sol dur,
de la montagne dans la plaine, de la plaine dans les
prairies, des prairies dans les ruisseaux et rivières.
L'eau, filtrant entre deux terres, rencontrerait çà
et là des conduits entre les veines du fond du sol,
s'introduirait dans les réservoirs souterrains et les
alimenterait. Les sources seraient plus nombreuses,
les réservoirs plus abondamment pourvus.

Le vent, trouvant un aliment partout, assouvirait
plus librement sa rage; et ses tourbillons, cessant
d'éclater par la résistance, ne seraient plus si funestes à la terre.

Il y a des forêts encore sur les montagnes; ne
ferait-on pas bien d'en défoncer toutes les crètes,
puisqu'aussi bien il y a ordinairement peu de bois
sur les plateaux? Défoncer ces crètes et ces plateaux,
c'est disposer un entonnoir propre à introduire
l'eau dans le sol de la forêt.

Un propriétaire riche qui ne craindrait pas les
dépenses pourrait, à chaque révolution d'exploitation, quand le bois est en taillis, faire un défoncement de deux mètres, d'un mètre et demi de lar-

geur sur un mètre de profondeur, en contournant
la côte dans le sens transversal de la pente, pour
couper l'eau et l'obliger à s'introduire en terre;
observant de cesser les défoncements là où le terrain
prend de la pente : il faut, dans les pentes rapides,
que l'eau s'introduise en terre. J'entends parler de
forêts dont le sol est imperméable, chaud et sec : ces
forêts changeraient bientôt, la végétation y serait
bientôt plus brillante.

Dans les forêts montagneuses, arides, il faudrait
donc agir en sens inverse de ce qui se pratique
pour les forêts humides : dans les unes, il faudrait
introduire l'eau; dans les autres, la faire fuir.

### DES PARCS ET GRANDES PROPRIÉTÉS

Dans les grandes propriétés, on recherche de belles pelouses, de beaux tapis de verdure; on les établit à grands frais, pour en jouir fort peu de temps.
L'on pourrait ne renouveler ces frais qu'à de bien
plus longs intervalles, si l'on créait ou reconstituait
par un procédé plus convenable, si l'on disposait
mieux le travail dès la première fois.

Une jolie propriété d'agrément coûte naturellement beaucoup à entretenir, en n'y faisant pourtant
que le strict nécessaire; mais que sera-ce, si l'on
a mal débuté ?

Veut-on une élégante campagne avec bosquets, pelouses, parc, etc.? Qu'on fasse tout ce qu'il faut pour que tout soit aussi bien que possible. L'on tient à une belle végétation, à une nature riche et vigoureuse, qu'on se mette en mesure de l'obtenir. Mais qu'on calcule d'abord ses forces : si peu que ce soit, bien fait, vaut mieux qu'une grande quantité mal travaillée.

On a préalablement fait ou fait faire le plan de la propriété qu'on projette. Qui empêche, si l'on ne peut faire le tout à la fois, d'attaquer le travail de fond petit à petit, et, au fur et à mesure, de faire les semis et les plantations? Mais qu'est-ce qu'un travail de fond? comment s'exécute-t-il?

Si l'on commence les travaux sur un plan convenu et arrêté, on nivelle partout où le terrain doit être aplani, on forme les massifs de terre, les buttes, les irrégularités, pour montagnes, collines, versants, etc.; on suit son plan, en un mot. A-t-on des bas-fonds? On y fait un fossé d'assainissement. A-t-on dans les côtes des terrains où l'eau séjournerait jusqu'à s'y croupir? Qu'on y établisse un fossé comblé de décombres et brocailles, pour faciliter la fuite de l'eau. Ces fossés comblés de brocailles sont cependant recouverts de bonne terre jusqu'à rez-sol; mais on laisse une légère marque de fossé de 1 mètre de largeur et de 8 à 10 centimètres de profondeur au milieu, gagnant le bord en mourant : toute l'eau qui reste vient là se réunir et se perdre.

Pour les bas-fonds, on creuse un fossé dans la partie la plus basse et dans toute la longueur du terrain bas de la largeur qu'on veut, mais avec 33 centimètres de profondeur de plus que le défoncement qu'on fera subir au terrain. Ce fossé fait, on enlève de suite la terre qu'on avait rejetée sur les bords, on la répand par toute la pièce pour niveler, et l'on commence le défoncement.

Si un fossé déplaît, on le fera disparaître en enlevant les talus à partir du centre du fossé de chaque côté, en formant un autre talus en mourant jusqu'au niveau du terrain. On peut donc l'élargir à volonté, mais toujours en lui donnant une largeur régulière, et, si l'on sème de l'herbe, on pourra faucher même dans le fossé.

Les fossés creusés, et les terres qui en proviennent répandues partout, on commence le défoncement suivant ses projets : à 1 mètre de profondeur si l'on veut planter des arbres, à 33 centimètres pour les prés ou les terres arables, pourvu qu'il garde partout la même profondeur.

Cela fait, on plante d'après son plan, préparant le terrain comme il est enseigné à l'article des terres ou des prés.

A-t-on de vieilles pelouses, de vieux tapis verts qui ne produisent plus ou se sont couverts de mousse; veut-on les renouveler, les améliorer, les reconstituer? Qu'on lise ce qui sera dit plus loin à propos des prairies sèches, mixtes ou humides : on n'a qu'à s'y conformer, et l'on peut rester assuré que le travail sera fait pour de longues années, que l'herbe sera verte, même en année sèche, même sur les côtes, enfin, qu'on ne verra pas de mousse dans les bas-fonds.

Si l'on a un terrain en prairie, qu'on veuille laisser en prairie et qui soit d'une surface régulière en hauteur, on peut s'épargner la dépense d'un nivellement comme pour irrigation, en faisant un défoncement d'une profondeur exactement régulière, prenant soin de creuser un fossé d'assainissement dans les parties les plus basses, pour faciliter la fuite des eaux.

Bien des propriétaires riches ont dû éprouver le désagrément de renouveler leur création pour défaut de végétation, soit qu'ils vissent leurs plantes périr par la sécheresse, soit qu'ils les vissent se pourrir d'humidité. Par le moyen que j'indique, ils échapperont à cet inconvénient, et je m'estimerai heureux de le leur avoir évité par cette nouvelle méthode que je leur soumets.

# DES PRAIRIES NATURELLES ET ARTIFICIELLES

## CRÉATION OU AMÉLIORATION

Qu'a-t-on fait jusqu'à ce jour pour la *création des prairies naturelles?*

On a nivelé, on a assaini le terrain, quand il s'agissait d'un bas-fond; on a cherché à *irriguer*, quand on avait affaire à des prairies sèches. Les uns y ont mis de l'engrais, y ont semé de la fleur de foin qu'ils considéraient comme semence; les autres ont usé de la semence achetée dans le commerce, ils l'ont semée, et puis ils ont laissé la pièce se garnir d'herbe, attendant les récoltes. Ces récoltes arrivaient; elles étaient bonnes ou insignifiantes, suivant que la semence était bonne ou ne l'était pas. Si la semence était bonne, tout était bien; sinon, on n'obtenait qu'une chétive récolte, mais on se consolait en disant : « La semence n'est pas encore levée, elle le sera plus tard. » Et l'on se berçait de cet espoir. On avait pourtant employé la minette, le trèfle blanc et le trèfle ordinaire, qui, à la première récolte, donnaient un résultat satisfaisant. Maintenant tout a disparu pour faire place aux mauvaises herbes. C'est que le trèfle blanc, plus durable que le violet et le jaune, disparaît comme eux, si le terrain ne lui convient pas; tandis que, sans être semé, il pousse dans un terrain favorable. Voilà donc des prés neufs qui devraient être bons et qui, cependant, ne produisent que très-peu.

Qu'a-t-on fait pour l'*amélioration des prairies anciennes ?*

On a un peu hersé pour arracher la mousse ; on a tranché les taupières et nivelé le plus possible ; puis, l'on a mis de la bonne terre de *compost,* de la terre de route, de rue, d'égouts, des plâtras, des poussières de décombres, de la cendre, de la poudrette, du fumier passé, du purin, enfin. Et combien de temps tout cela a-t-il duré ? Au bout d'un ou deux ans au plus, c'était à recommencer. Or, notez que ce travail entraîne des frais, et que le rendement n'est pas en rapport avec la dépense.

Comment a-t-on fait des *prairies artificielles ?*

Comme pour toute culture de terres arables, on a labouré à la profondeur ordinaire ; seulement, pour les luzernières, le labour avait 4 ou 6 centimètres de plus en profondeur. On a semé avec de l'avoine, de l'orge ou du blé, pour ne pas perdre une récolte. Mais, au bout de quelques années, qu'est-il arrivé ? La terre est pleine de racines, ou, plutôt, il n'y a plus de terre ; tout est devenu racine. Ainsi, on a eu une première récolte passable, si le temps a été favorable ; à la seconde coupe, on a fait une demi-récolte ; la troisième ne résiste plus à la faux. On couvre avec du fumier avant l'hiver ; l'eau de pluie et la fonte des neiges l'entraînent dans le bas-fond ; le paillis reste, l'engrais est parti. On obtient une récolte comme celle de l'année précédente, qui vaut tout au plus l'engrais que l'on y a mis. Comment veut-on que l'engrais entre en terre où tout est racine jusqu'à la surface ? L'engrais, n'ayant pu pénétrer, s'évapore ou s'écoule avec les eaux.

Que faut-il donc faire pour créer des prairies naturelles, pour améliorer les anciennes ; pour créer des prairies artificielles, pour les conserver le plus longtemps possible, tout en faisant des récoltes plus abondantes et de meilleure qualité ?

Voilà, selon moi, ce que l'on doit faire, sauf meilleur avis.

Ce que je proposerai est basé sur la raison elle-même, et tout cultivateur, praticien ou théoricien, le sentira facilement.

Ce chapitre sera divisé en trois parties :

*Prairies de bonne qualité en terrain plat, mais ni humides ni sèches, en position mixte ;*

*Prairies sèches ou en pente, susceptibles d'être irriguées,*

*c'est-à-dire auxquelles l'irrigation conviendrait parfaite-
ment;*

*Prairies humides, auxquelles l'assainissement est indis-
pensable, opération qui n'est pas si difficile que l'on veut
bien se l'imaginer.*

## PRAIRIES NATURELLES

### RÈGLE GÉNÉRALE POUR LES TROIS POSITIONS DE PRAIRIES

L'agriculteur ou le propriétaire doit d'abord se
bien pénétrer d'une chose, c'est que l'herbe en terrain mixte, sec ou humide, a besoin d'être placée en
terre dans une bonne condition ; c'est qu'elle a besoin de chaleur comme d'humidité pour fournir une
bonne qualité et une quantité convenable. Cherchons donc à établir les conditions qui doivent amener cet heureux résultat.

*Prairies de bonne qualité, parce qu'elles sont favorablement placées
et que le sol en est riche.*

Chose étonnante! On vit dans la pleine conviction que les prairies naturelles doivent rester dans
leur état primitif sans être renouvelées. Aussi chacun de dire : « Les prairies ne demandent pas de
culture, n'occasionnent pas de frais; les contributions payées, le revenu est net. » Et l'on continue
de payer très-cher la location des prés; au lieu de

bénéficier, l'on est en perte ; chacun subit cette perte sans mot dire, et, dans le fait, l'agriculture en souffre.

Si partout le prix du beurre, de la viande, était élevé, la location ne serait pas trop chère, parce que tout est relatif : les prés, il est vrai, se louent à un taux un peu fort ; mais, par compensation, la valeur du beurre, celle de la viande augmente ; malheureusement, la concurrence est là pour démontrer que le calcul est faux. Le beurre et la viande devenant trop chers en France, on prend ces produits à l'étranger ; alors il faut faire soi-même sa consommation, sous peine d'être constitué en perte.

Où voulons-nous en venir? A démontrer que les prairies ne sont pas un trésor inépuisable, qu'il faut de temps en temps les reconstituer dans une position telle qu'elles puissent continuer leur générosité.

Pour rendre cette démonstration plus sensible, recourons à une comparaison :

Qu'un cultivateur prenne un pot à fleur et l'emplisse, jusqu'aux bords, de terre de première qualité ; qu'il y plante une fleur, un végétal quelconque au printemps de 1847. Quand la fleur sera épanouie, qu'il retourne le pot sens dessus dessous, il verra que ce pot ne contenait plus guère que des racines, que la terre a presque entièrement disparu. Alors qu'il remette la terre avec les racines, telle qu'elle est, dans le pot, et, au printemps suivant, qu'il y replante une fleur de la même famille; il sera surpris du triste aspect de cette fleur. Supposons qu'elle réussisse encore la seconde année, qu'il fasse une troisième épreuve, il en verra le succès : le contenu du pot n'aura rien produit.

Il persévère cependant; il laisse le contenu dans le même état; seulement, il le couvre de 4 centimètres d'engrais ou d'un terreau très-riche, et y plante fidèlement une fleur de la même espèce. Malgré ce surchargement d'engrais, malgré cette superfétation de terre riche, il n'a obtenu qu'un bien mince résultat.

Eh bien, ami lecteur, voilà où en sont toutes nos vieilles prairies naturelles, sans exagération.

Mais veut-on que le contenu de ce pot, que cet amas de racines reproduise une même fleur : il ne faut que détruire ces racines, cultiver ce contenu. Si, par l'addition d'une matière étrangère, on a décomposé ces racines, si on les a remises en état de terre, si l'on a réparé ce que la fleur a enlevé, on peut planter une autre fleur, qui prospérera comme la première.

Il en est de même pour les prairies naturelles. Les

jardiniers ne renouvellent-ils pas le terreau de leur couche par de la terre franche, quand ils le trouvent trop épuisé ? Qu'on s'y prenne ainsi pour les prairies : qu'on les retourne avant l'hiver, qu'on provoque la décomposition des racines pour les remettre en état de terre : cette décomposition sera un nouvel engrais pour la nouvelle prairie qu'il s'agit de *reconstituer*.

Avant tout, il faut indiquer la maniè r de reconstituer une prairie. Il ne doit y avoir ni retard, ni temps perdu. Traitons chaque nature de prairie séparément : prairie dite de première classe, prairie sèche et prairie humide.

Et d'abord, nous devons sortir d'inquiétude l'agriculteur qui nous lit : nous voyons déjà son impatience d'apprendre comment nous nous y prendrons pour repeupler ces nouvelles prairies. Certes, ce n'est pas une petite chose; là est la difficulté : aussi commençons-nous par l'aborder de front. Préalablement, on doit s'assurer de la semence nécessaire pour ce repeuplement; sans cela, on ne ferait, avec les vieilles prairies, que des terres arables ou des chenevières.

Nous qui traitons cette question, nous n'avons pas la baguette magique des fées, nous ne sommes pas créateurs comme Dieu; nous avons besoin de

quelque chose pour faire quelque chose. Le grand
point, c'est de découvrir le moyen le plus sûr, le
plus prompt pour arriver au but proposé.

Si les marchands grainiers pouvaient avoir un
magasin assez bien approvisionné pour fournir toutes
les semences nécessaires, la première difficulté serait levée ; on en serait quitte pour les payer plus ou
moins cher. Or, il y a peu de ces marchands, mais
il y en a. A ce propos, je citerai MM. Simon Louis,
frères, rue d'Asfeld, à Metz, pépiniéristes, marchands
de graines-fourragères, hommes éclairés, connais-
seurs en bonnes semences pour chaque nature de
terrain et disposition de prairies, qui pourraient
non-seulement fournir une grande variété de semences, mais même, au besoin, donner d'utiles renseignements pour la composition des mélanges, en
prairies dites de première qualité, prairies sèches,
humides, artificielles, prairies à pâturer ou à faucher. Cette distinction est utile, et l'on ne doit pas
se tromper là-dessus. Car, où l'on veut faucher, il
faut que le semis soit composé d'essences qui mûrissent à la fois ; tandis que, dans les prairies à pâturer, les herbes doivent mûrir les unes après les
autres, pour que, toute l'année, le pâturage soit de
bonne qualité.

Ainsi les personnes qui voudront reconstituer à
neuf leurs vieilles prairies, auront à acheter de la

semence ; ou bien, elles s'en fourniront elles-mêmes, et cela, en créant d'abord des prairies pour en récolter la semence. En semant par lignes, chaque variété à part, en recueillant chacune à part, il est facile de reconnaître celles qui peuvent être semées ensemble pour faire des prairies à faucher, ou pour obtenir des prairies à pâturer.

Les cultivateurs qui voudront se procurer eux-mêmes des semences, choisiront, en herborisant dans leurs plus belles prairies, les meilleures variétés d'herbes : les semant ensuite chacune séparément, dans un terrain destiné à cet usage, ils seront sûrs de n'être pas trompés.

Pour les personnes qui connaissent peu les noms des herbes (et c'est le plus grand nombre), elles pourront, pour se familiariser avec ces noms, prendre chez un marchand une petite quantité de chaque variété avec son étiquette, semer séparément et étiqueter sur champ. Lors de la maturité, elles confronteront et apprendront ainsi le nom des herbes de bonne qualité provenant de leurs prairies ; herbes qu'elles ne connaissaient pas par leur appellation technique, par leur désignation reçue dans la science agricole. De plus, elles discerneront bientôt la qualité du foin, quand elles sauront quelles essences entrent dans chacune des natures de prairies, mixtes, humides ou sèches.

Je nommerai encore MM. Simon Louis, frères, comme capables d'indiquer les essences de bonnes qualités pouvant convenir aux terrains humides, et celles que réclament les terrains secs ou mixtes.

Il est vrai que très-souvent on fait des prairies en trèfles ordinaires, violets, blancs, jaunes, etc.; mais la durée n'en est que de quelques années, et, à mesure qu'un pied périt, il est remplacé par une herbe, quelquefois bonne, mais ordinairement mauvaise.

La meilleure manière, la plus sûre, celle qui donnera les résultats les plus satisfaisants, les plus riches, ce sera d'employer de suite toutes les variétés nécessaires pour former le fond, pour avoir la base d'une bonne essence. Avec la semence, il ne faut pas lésiner : qu'on choisisse la meilleure qualité et qu'on la sème assez épaisse, assez drue; de cette façon, les mauvaises herbes ne peuvent s'y mêler, et la première essence reste. Cela n'empêche pas d'y ajouter les trois variétés de trèfle dont nous parlions tout à l'heure, sans même s'inquiéter si elles resteront ou ne resteront pas. Néanmoins, le trèfle blanc est celui qui s'y conservera le mieux.

Si nous connaissions un plus grand nombre de marchands bien approvisionnés de semences fourragères, nous les indiquerions; car une centaine de magasins ne suffiraient pas à fournir les semences nécessaires pour reconstituer les prés, une fois que le mérite de cet enseignement pratique serait bien apprécié.

Maintenant que les moyens de se procurer la semence sont connus, faisons connaître la manière d'exécuter les travaux de fonds, la base principale de production des récoltes.

*Prairies de positions avantageuses, ordinairement prairies de première qualité.*

Les prairies de première qualité sont le plus souvent situées à l'entour des villages dont elles reçoivent les eaux grasses. En ce cas, il n'y a guère lieu d'y rien changer, quant à la quantité; il peut y avoir quelque chose à faire pour la qualité. Néanmoins, elles peuvent toujours être améliorées, soit en les retournant, en dirigeant les eaux avec intelligence, soit dans la culture à donner en levant de la terre d'un côté pour en mettre d'un autre.

L'herbe elle-même est susceptible d'une grande amélioration en ce sens, que c'est la richesse seule de l'égout du village qui produit la récolte; la saveur de cette eau grasse se communique à l'herbe qui, par ce fait, est moins bonne. Cette herbe provient de fumier et non de terre; sa qualité est d'être tendre, mais elle n'est pas d'un goût merveilleux.

Nous conseillerons donc de ne pas toucher à ces prés, avant que les autres soient améliorés par une reconstitution.

Pour les prés en terrain plat dont le fond est de bonne qualité, et dont le prix d'acquisition est fort élevé et sans proportion avec son rapport, on ne doit pas hésiter à les cultiver et à les remettre aussitôt en prairies.

Une mauvaise habitude qui s'est toujours maintenue dans la culture des prés, c'est d'abord de les labourer, d'y faire ensuite trois ou quatre récoltes consécutives sans engrais, puis, quand le sol ne rend plus, de les abandonner pendant dix à douze ans, jusqu'à ce qu'il ait plu à quelques mauvaises variétés d'herbes d'y croître, ce qui fournit une mauvaise pâture. Comment veut-on qu'épuisé par trois ou quatre récoltes, ce sol produise de l'herbe?

Ne ferait-on pas mieux, quand on a cultivé la pièce, quand les racines sont retournées, de provoquer leur décomposition et de les remettre en nature de terre? Il s'est produit par là un autre humus, ces racines sont devenues un véritable engrais à l'état de terre; il est certes bien préférable alors de l'employer à donner l'herbe, qu'à faire des récoltes d'avoine qui ne servent qu'à l'épuiser. Cet engrais s'y trouve, on n'a pas besoin de l'y conduire.

*Vieilles prairies qu'il s'agit de remettre dans leur premier état*
*de création.*

Les anciennes prairies ne doivent pas être labou-
rées à la charrue ; elles doivent être bêchées, mais
à petits coups de bêche, et en prenant régulièrement
à la même profondeur, c'est-à-dire enfonçant toujours 4, 6 ou 8 centimètres plus profondément que
ne descend la masse des racines.

Par petits coups de bêche, nous entendons que les
gazons doivent être faits de même grosseur et aussi
minces que faire se pourra : le résultat sera d'autant meilleur, que les gazons seront moins épais.
Le mérite des petits gazons, c'est de donner plus
d'action à la décomposition des racines ; car, si les
gazons étaient trop gros, l'intérieur ne se décompo-
serait pas, ou ne le ferait que difficilement.

On doit les retourner complétement, de façon
qu'ils posent sur le sol dur ou non remué, et que
les racines soient dirigées en haut à la place de
l'herbe : par ce moyen, l'herbe est étouffée, et les
racines se pourrissent entièrement.

Je vois déjà des agriculteurs hocher la tête et
crier à l'absurde. « On ira, disent-ils, beaucoup
plus vite à la charrue ; la herse, la houe à cheval,
l'extirpateur, le scarificateur feront le reste. »

Je le nie : et soutiendraient-ils leur assertion avec l'entêtement et l'assurance que donnent l'ignorance et la routine, je le nierai toujours, et je leur prouverai que, non-seulement, avec la bêche, on a l'avantage d'aller plus vite, mais qu'on a de plus celui de faire moins de frais, d'obtenir un ouvrage meilleur, un ouvrage parfait ; qu'au contraire, avec la charrue, avec tous les instruments aratoires ensemble, y compris le rouleau, leur travail ne sera jamais complet, et qu'ils n'en finiront pas.

Quand ils auront retourné le pré avec la charrue, ils ne parviendront jamais, sans y planter plusieurs fois des pommes de terre, à ameublir complétement la terre : il y restera toujours des gazons roulants, des perruques de racines qui empêcheront d'établir le sol bien uni, ce qui est indispensable pour une prairie.

Il faut avoir vu, il faut l'expérience pour en raisonner. Bien des personnes abordent cette question pour avoir fait retourner un pré; mais bien peu sont restées là pour juger comment on pourrait, de suite, exécuter le travail. On persévère trois ou quatre jours, on observe; mais bientôt on se fatigue, on charge un tiers de faire le reste. On ne paye que lorsque tout est terminé, et l'on sait alors ce qu'il en a coûté.

L'essai pourtant est bien facile à faire. Qu'on cultive d'un côté vingt ares ou un hectare à la charrue, qu'on prépare d'un autre vingt ares ou un hectare à la bêche, je prétends que le terrain retourné à la bêche aura demandé moins de temps, sera mieux travaillé, travaillé dans la perfection et à meilleur marché que celui qu'on aura retourné à la charrue.

En effet, retournez à la bêche, vous n'avez plus rien à faire qu'à piocher très-superficiellement deux fois et à semer; mais retournez à la charrue, retournez dix fois ce gazon, vous ne rendrez pas votre terre nette, meuble, sans gazons roulants, sans perruques de racines enfin. Vous serez obligé d'y planter plusieurs fois des pommes de terre : autant vous aurez fait de récoltes de pommes de terre, autant je compterai de double récolte d'herbe par foin et regain. Supputez maintenant ce que coûtent les pommes de terre et ce que l'on trouve de reste; estimez, d'autre part, les récoltes d'herbe : où sera le bénéfice ?

Ajoutons à cela que, par la charrue, on ne remplira pas le but que je me propose en retournant le pré.

Quand on a bêché, le pré est retourné et reste retourné; l'ancienne herbe et les racines deviennent un engrais et rendent le sous-sol perméable : l'ancien sous-sol a été placé à l'exposition de l'air, du soleil, des gelées; il se bonifie au moyen d'un simple piochage.

Mais s'est-on servi de la charrue? Tout est mêlé et cela est pernicieux : la terre en devient trop creuse; il faut que le sol supérieur ou la surface soit bien meuble, pour devenir compacte quand la semence y est jetée.

Une fois que l'herbe est levée, il faut que le sol supérieur soit bien serré jusqu'à 9 ou 10 centimètres de profondeur, après qu'il a été préalablement, suffisamment ameubli. Il faut encore que le sous-sol soit perméable.

En employant la charrue, ce n'est qu'en plantant des pommes de terre pendant plusieurs années, comme nous l'avons dit, qu'on y peut parvenir : ce qui amaigrit la terre.

D'où je conclus que, pour être bien retournés, surtout pour empêcher les anciennes essences d'y recroître, les prés doivent être bêchés et non labourés à la charrue.

Autre avantage : après avoir bêché le terrain, on a pu, en cultivant, laisser des rigoles partout où on l'a jugé à propos, soit pour l'assainissement, soit pour l'irrigation de la prairie, que ce soit des eaux de pluie venant des terres arables, ou toute autre eau quelconque.

Or, ici, je ne parle pas de ces rigoles d'irrigation, de ces fossés d'assainissement, ils doivent être dirigés d'après l'intelligence de l'agriculteur.

Ce que j'entends, c'est que, lorsqu'on veút faire une prairie, on doit donner la pente et le nivellement, on doit faire les rigoles d'irrigation et les fossés d'assainissement avant de commencer la culture fondamentale de la prairie à faire ou à reconstituer; et cela, afin qu'il n'y ait plus, après la culture, de maniement de terre à faire, soit pour enlever une butte, soit pour détruire les rebords élevés d'un fossé. On ne doit jamais, en effet, laisser dans les prairies de rebords saillants aux fossés; l'eau doit avoir toute facilité de couler dans le fossé ou dans la rivière; et, quand on est obligé de récurer le fossé ou la rivière, on ne doit laisser la terre sur place que le temps qu'il lui faut pour devenir terreau, la répandre alors sur l'herbe, dans les endroits où cela est nécessaire.

Nous ne saurions trop le dire et le répéter, il est indispensable d'opérer tout enlèvement de terre avant la culture de la prairie, pour que cette culture ne soit pas gâtée par les piétinements des hommes et des animaux, par les roues des moyens de transport.

Cette culture doit être intacte, et partout à la

même profondeur ; la surface demande à être bien plane, les nivellements à être exactement combinés pour l'écoulement des eaux, par irrigation ou par assainissement. Si l'eau s'écoule sur la surface pour gagner le ruisseau ou la rivière, que les fossés d'assainissement soient préparés de manière à produire l'effet pour lequel ils sont créés, qu'ils aient 6 centimètres en profondeur de plus que la culture du pré.

Nous cherchons à ce que l'on comprenne bien, que, quand nous parlons de nivellement et de surface plane, ce n'est pas d'un nivellement qui donne à toutes les parties du sol la même pente ou le même niveau ; nous ne pensons pas ainsi, car cela occasionnerait une dépense effrayante. A la bonne heure, si cela pouvait se faire sans beaucoup de frais ; mais, autrement, nous entendons par nivellement, par surface plane, un travail tel que la faux ait un parfait accès partout pour bien trancher l'herbe à ras de terre ; nous entendons par défoncement à la même profondeur et par assainissement, que, par la nouvelle disposition du terrain régulier en surface ou non régulier, l'eau de pluie ou toute eau quelconque dans la prairie ne puisse être stagnante nulle part, soit sur la surface au-dessus de sol perméable, soit en-dessous entre le sol perméable et le sol dur, de telle sorte que l'eau puisse toujours s'écouler du sol supérieur au sol inférieur, et de là au travail d'assainissement. Voilà le moyen d'éviter la mousse si nuisible à l'herbe.

Nous pensons qu'il y aura bien peu d'agriculteurs qui ne sentent pas le mérite des conditions que nous exigeons pour la préparation fondamentale d'une bonne prairie. Ces conditions parlent elles-mêmes.

### DERNIÈRES PRÉPARATIONS & ENSEMENCEMENT DE LA PRAIRIE

Si le grand travail a été fait avant l'hiver, ou de bonne heure au printemps, on peut préparer la pièce à être ensemencée ; si, au contraire, on ne le fait qu'au printemps, il faut attendre que la culture et le maniement de terre soient assis, que la terre soit bien ressuyée.

Dans l'un et dans l'autre cas, huit ou dix jours avant de semer, qu'on pioche superficiellement par un semps sec la surface du gazon retourné ou de la terre à 6 ou 8 centimètres de profondeur, pour rendre le tout bien uni. J'ai parlé plus haut de l'emploi d'une certaine matière pour la décomposition des végétaux ; les racines une fois retournées, on prendra donc de la chaux vive, en poudre ou non en poudre ; pour l'y réduire, si elle n'y est pas, on la fera fondre à sec comme on sait, dans la proportion de 10 à 15 hectolitres par 20 ares de ter-

rain. Cette poudre obtenue, on la répandra également et de suite, on l'enfouira par un hersage à la
même profondeur que le piochage, se servant d'une
herse légère pour ne retourner aucun gazon, et beaucoup mieux en faisant un piochage intelligent de manière à bien enfouir la chaux et empêcher son évaporation; car c'est sa force qui doit produire l'effet
de décomposer les végétaux et autres matières; cette
force se perdrait, si elle se trouvait en contact avec
l'air. La chaux doit être bien mélangée avec la terre
de la surface. Quant à la masse des racines qui se
trouve placée plus bas, elle se décomposera toujours
assez d'elle-même à la longue. Un, deux ou trois
jours après, on y sèmera un peu d'avoine précoce,
puis on y hersera de nouveau; enfin on répandra la
semence d'herbes, semant à part du trèfle violet, du
blanc, du jaune; on hersera de nouveau légèrement
et l'on roulera aussitôt parfaitement pour bien tasser et lier le sol supérieur. Inutile de répéter qu'il
faut bien répandre la semence et en quantité suffisante, pour empêcher toutes mauvaises herbes de
s'y loger.

Je n'indique pas cette quantité, je renvoie au marchand de semences nommé plus haut, ou à tout
autre aussi éclairé, qui indiquera et la quantité et
les variétés convenables aux divers terrains et aux
diverses positions de sol plat, mixte, humide ou sec.

On fera bien de ne pas laisser mûrir l'avoine; on la fauchera verte, et, comme il y aura déjà de la nouvelle herbe assez forte, on fauchera le tout ensemble. On ne laissera pas pâturer la première année, surtout par un temps humide. Si l'on a semé de bonne heure, on pourra faucher deux fois la première année.

*Prairies humides.* — Dans les prairies humides, il faut avoir le soin, avant de bêcher, de faire tous les fossés d'assainissement jusqu'à la rivière ou grand fossé d'assainissement, et d'enlever toutes les terres sur les bords de la rivière et des anciens fossés.

Il faut encore avoir attention à ne donner que de petits coups de bêche, profonds, mais minces, qui coupent complétement et divisent les racines des joncs, des roseaux, des carexes, enfin de toutes les mauvaises herbes; à bien retourner les gazons, à bien les placer les uns à côté des autres, l'herbe en bas et les racines en dehors.

Avoir une pioche qui soit bien tranchante, pour que, quand les racines ont pénétré trop avant en terre, elles soient tranchées horizontalement, et que le gazon soit retourné l'herbe en bas sur le restant de la racine, de manière à la faire périr en l'étouffant. Chaque ouvrier aura dans ce but une pioche semblable, et, en traitant avec lui, ce point devra être mentionné dans l'écrit.

Qu'on songe que c'est un travail fondamental : pour qu'il ne soit pas de longtemps renouvelé, l'exécution en doit être soigneuse.

Est-on présent à la confection de l'ouvrage fait à la journée, à la tâche ou à forfait ? Il faut néanmoins tout établir par écrit. *Défiance est mère de sûreté*, dit le sage proverbe. Par cette prudente mesure, le maître et l'ouvrier s'éviteront des désagréments de tout genre ; et, pour la satisfaction réciproque des parties, on ne doit pas regarder à deux feuilles de papier timbré.

En bêchant, on prendra la précaution de ne laisser aucun bord : tout sera retourné jusque sur les bords des fossés, rivières, ou rigoles d'irrigation, dans le but que le sous-sol soit assaini comme le sol supérieur.

D'où vient que, dans les prairies humides, on remarque sur la surface une eau roussâtre qui nuit aux bonnes essences d'herbes, et auxquelles les mauvaises essences seules peuvent résister ? De ce que la terre est pleine de racines imprégnées de cette mauvaise eau qui souvent est comme de la lave. Les bonnes eaux venant des pluies, des terres, ne peuvent plus pénétrer le sol, pas plus que l'huile ne se mêle à l'eau. Ces eaux roussâtres ne sont qu'un dégorgement de ce qu'il y a de plus mauvais dans l'intérieur du sol.

Si, au contraire, les prés sont cultivés d'après la méthode enseignée ci-dessus, toute l'humidité passe au sous-sol ; les eaux de pluie et des champs qui arrivent dans les prés fournissent une meilleure nourriture aux nouvelles essences ; par la perméabilité du sol, elles reçoivent une nouvelle eau, une eau saine, souvent saturée de limon ; les nouvelles essences d'ailleurs ne peuvent que s'y plaire, puisqu'on a semé les meilleures de celles qui se plaisent dans les terrains aquatiques.

Arrive-t-il une inondation ? Au lieu de demeurer huit jours, les eaux, au bout de vingt-quatre heures, de quarante-huit heures tout au plus, auront disparu, et toute la surface de la prairie humide sera sèche, parce que tout sera passé au bas-fond.

Pour la préparation qui reste à faire jusqu'à l'ensemencement et aux premières récoltes dont on jouira dès la première année, je renvoie à ce que j'ai dit plus haut.

*Prairies sèches.* — Bien des personnes croiront que si l'on défonçait les prairies sèches, elles pourraient se dessécher davantage; qu'elles se détrompent. S'il n'entre pas d'eau dans la terre, cette terre ne peut alimenter l'herbe qui la couvre, elle ne fait que retenir l'humidité qui y pénètre; s'il n'y en entre point, elle n'en peut contenir évidemment.

Après une année sèche, on fait souvent du regain ou une bonne pâture dans les prairies sèches : en voici la raison. Par une année sèche, toute la surface se crève à une grande profondeur. Quelquefois au mois d'août arrive une pluie de quelques jours. Toute l'eau de cette pluie est bue par la terre, les crevasses se resserrent, l'humidité est concentrée dans l'intérieur; alors le beau temps revient, l'humidité contenue par la terre rafraîchit, alimente les racines; le sol est encore chaud, l'herbe croît vite, et, en quinze jours, elle devient passablement grande. La surface une fois couverte, cette humidité reste, l'herbe profite, et quelquefois on peut encore faire du regain : en tout cas, on obtient au moins une bonne pâture.

On doit donc défoncer les prairies sèches comme les autres, pour les différents motifs énoncés plus haut : Pour donner une nouvelle terre vierge à la surface où la nouvelle herbe trouvera une nourriture plus abondante; pour décomposer les racines de l'ancienne essence qui, ayant absorbé toute la bonne terre du sol supérieur, ne lui laisse plus la

force d'en nourrir une nouvelle; pour rendre la
terre perméable, pour donner de l'air à l'intérieur
du sol , pour donner accès aux divers éléments
qui lui sont indispensables; pour que l'engrais
puisse y pénétrer, tant celui qu'on y conduira que
celui que les eaux pourront y amener; enfin, pour
que, comme aux défoncements des terres arables,
l'eau entrant dans toute la profondeur du défoncement, y conserve de l'humidité et puisse alimenter
en as de sécheresse. En effet, on doit comprendre
que ces prés existent peut-être depuis un nombre
infini de siècles, que la terre étant trop compacte,
l'eau ne peut y pénétrer, qu'elle n'en peut donc
pas contenir, et que, par conséquent, elle ne peut
alimenter les essences qui la couvrent.

En défonçant les prairies sèches, on doit observer ce qui est dit plus haut pour les autres prairies,
c'est-à-dire faire tout maniement de terre, niveler,
enlever les buttes, combler les trous, enfin combiner la pente convenablement, en faisant des rigoles
d'irrigation en sens inverse de la pente. Par là, on
empêche une trop grande chute d'eau, et l'on ménage un système d'irrigation ; par le moyen des rigoles transversales, on peut diriger l'eau à volonté
partout où il est besoin, en plaçant de petites vannes
de distance en distance, pour arrêter l'eau et inon-
der la partie qui veut être arrosée.

On doit combiner ces rigoles de manière à rester maître de l'eau en tout temps, si ce n'est dans le cas de pluies torrentielles. Alors, les eaux venant des terres, chargées de limon, seront conduites où on le jugera bon, pour y déposer les terres qu'elles auront amenées par érosion.

Dans ce maniement de terre, il est important de ne pas oublier d'abaisser le pré au bas des terres qui y aboutissent, afin de rester maître de la direction de l'eau. Chaque cultivateur sait que la charrue amène toujours de la terre dans le pré, et, par là, le rehausse; il faut donc avoir toujours soin d'enlever cette terre pour obvier au rehaussement, à moins que cela n'ait lieu dans une partie trop basse qu'on a pu réussir à rehausser par le maniement de la terre.

La terre des prairies sèches sera toujours bien plus compacte, bien plus dure; on ne commencera donc le travail qu'après une pluie. Plus la culture sera profonde, plus on y gagnera. Si le sous-sol était très-mauvais, je conseillerais de laisser écouler une année sans semer; on en sera dédommagé par les récoltes subséquentes. Pourtant, ces défoncements peuvent être moins profonds que ceux des terres arables, puisqu'on ne les retournera plus; néanmoins, on doit toujours insister sur un bon défoncement.

7

Quand le sous-sol est froid, quand il est argileux, mettez plus de chaux et enfouissez-la par un piochage un peu plus profond. S'il se trouve de la marne dans les environs, employez-la au lieu de chaux ; cela sera moins coûteux ; seulement, si vous vous servez de marne, examinez la qualité et la nature du sous-sol, pour l'approprier au terrain. Si ce sous-sol est marneux ou calcaire, il est inutile d'y mettre de la chaux ; en ce cas, mettez-y du plâtre.

Du reste, pour les prairies sèches, il faut opérer régulièrement comme pour les autres prés ; et, quand le sous-sol est revenu à la surface, on doit le rendre bien meuble à huit ou dix centimètres de profondeur. La prairie ensemencée, il s'agit de tasser fortement la surface avec un bon rouleau. Plus la surface aura été rendue meuble, plus elle aura été fortement tassée au rouleau, mieux la jeune récolte d'herbes progressera. Qu'on ne tasse cependant que par un temps très-sec, ou le travail serait mauvais.

Nous devons traiter une prairie neuve ou reconstituée absolument comme un bon jardinier traite son jardin potager. N'oublions pas que ce travail est fait pour durer longtemps ; ne ménageons rien pour qu'il soit complet.

Ne perdons pas de vue, non plus, que le plâtre se

sème dans les prairies sèches, quand l'herbe est levée, et ne se sème que dans les années sèches et,
ordinairement, après une petite pluie, sans pour cela
que cette pluie soit indispensable; mais, après une
petite pluie, le plâtre se colle sur la surface, et ne
peut être enlevé par le vent; ou, si on le répand sans
pluie, il faut faire cette besogne de grand matin,
quand la terre est encore couverte d'un peu de rosée. Dans les années humides, nous pouvons attendre un an, malgré ce plâtre répandu et enfoui,
avant la semaille dans les terrains calcaires.

On comprendra facilement la nécessité de mettre
du plâtre dans les prairies sèches, en songeant à la
qualité attractive de l'humidité.

Nous ne parlerons plus de la semaille et du choix
de la semence pour ce qui regarde les prairies sèches,
ni de la nécessité de prévoir si l'on veut les faire
faucher ou pâturer; cela est suffisamment expliqué
plus haut. Une recommandation importante doit être
faite : c'est, même après le regain, de ne jamais
laisser pâturer les autres prairies; on le peut dans
les prairies sèches, mais seulement en temps sec.

Avant de terminer ce chapitre des prairies naturelles, faisons observer aux cultivateurs, effrayés
sans doute de l'entreprise d'un pareil travail, qu'il

n'y a pas lieu pour eux de s'épouvanter le moins du monde.

Parce qu'ils sont libres encore de laisser leurs prairies comme elles sont restées durant plusieurs siècles, et que rien ne les oblige à les améliorer, à les reconstruire d'après la méthode que nous proposons ;

Parce qu'ils sont libres d'en faire l'essai sur une aussi petite portion de terrain qu'ils le jugeront à propos ;

Parce qu'ils sont libres, après cette tentative, après avoir parfaitement réussi, de s'arrêter ou d'étendre au reste de leurs terres le bienfait de cette culture.

Dans leur intérêt pourtant, nous les prions de ne pas commencer, plutôt que d'en vouloir faire trop à la fois et de faire mal. Il est cent fois préférable, comme nous l'avons dit déjà, de tenter l'épreuve par une petite pièce, de bien observer, d'exécuter ponctuellement nos recommandations ; en un mot, de bien faire le peu qu'ils feront.

S'ils nous croyent, il en résultera pour eux deux avantages : 1° en essayant peu et bien, ils réussiront; ils auront la satisfaction que donne la réussite, leurs doutes seront fixés, et, sûrs du succès, ils entreprendront en grand avec courage et sécurité ; **2°** ils auront acquis de l'expérience ; ayant bien fait la première fois, ils feront mieux encore la seconde et ne travailleront plus en aveugles. Tout ouvrage avance et se façonne bien dans la main de celui qui sait : la confiance donne de l'habileté.

## DES PRAIRIES ARTIFICIELLES

On connaît deux sortes de *prairies artificielles* :

Les prairies artificielles de courte durée, et les prairies artificielles de longue durée.

### *Prairies artificielles de courte durée.*

Les prairies artificielles de *courte durée* sont celles qui sont cultivées dans les terres arables ; elles sont tout au plus bisannuelles, comme les trèfles, les vesces, etc. Le ray-grass d'Italie peut aller jusqu'à quatre ans, mais alors il faut le faucher aussitôt que l'épi est sorti de sa tige. Il donne ainsi un excellent fourrage pour les vaches, surtout les vaches laitières ; c'est vraiment une herbe à bon lait. Si on le laisse mûrir pour le donner aux chevaux, il n'y a plus à compter sur quatre ans, mais sur deux bonnes années et tout au plus sur trois.

Je ne parlerai pas davantage des prairies artificielles de courte durée ; je rappellerai seulement aux cultivateurs que, s'ils ont défoncé leurs terres à 32 ou 33 centimètres de profondeur, alors ils ne doivent plus cultiver que de 8 à 12 centimètres de profondeur; ils feront toujours, en année sèche comme en année humide, deux bonnes coupes. Pour s'en convaincre, qu'ils relisent ce qui traite ci-dessus du mérite du défoncement, qu'ils le méditent, qu'ils s'en pénètrent, enfin, qu'ils en fassent l'essai sur cinq, dix, quinze ou vingt ares dans les conditions indiquées, ils se rendront à l'évidence.

Pour cela, il faut opérer avec les soins recommandés, commencer par petite portion et faire bien; n'oubliant pas que chaque nature de sol a sa manière d'être préparée, qu'on doit prendre plus ou moins de temps pour dénaturer le sol et pour le disposer à se rapprocher de l'état d'humus; qu'on se persuade bien que le défoncement ne signifie rien si les conditions pour rendre le sous-sol friable, meuble et perméable, ont été négligées.

### Prairies artificielles de longue durée

La luzerne et le sainfoin sont les vraies essences des prairies artificielles : on peut appeler prairies les champs qu'ils recouvrent, puisqu'ils restent un temps suffisamment long dans cette condition; ce sont de vraies prairies artificielles. Les autres ne devraient se nommer que récoltes fourragères, puis-

qu'elles suivent la même rotation que les récoltes
ordinaires : les pommes de terre, les betteraves for-
ment aussi bien des prairies artificielles que les
trèfles.

Nous avons dit précédemment que l'art agricole
avait dégénéré, à propos de la race des pommes de
terre que l'on prétend dégénérée : nous trouvons
une nouvelle preuve de cette marche rétrograde
dans l'insuccès des créations de prairies artificielles.
J'ai entendu d'anciens cultivateurs dire avoir appris
de leurs pères qu'une prairie artificielle se conser-
vait pendant la durée de la vie d'un homme, ou cinquante ans. J'entends parler de cette partie de la
vie où l'on observe mûrement. D'autres parlaient de
vingt-cinq à trente ans. Aujourd'hui, quand une
luzernière a atteint la sixième année, elle commence
à décliner, on la couvre de force fumier, d'où deux
inconvénients graves : 1° L'herbe s'y met, envahit la
pièce et détruit peu à peu la luzerne; 2° la luzerne
trop nourrie de fumier ne sent plus que le fumier, et,
si l'on ne prend soin de l'enlever par un temps frais,
elle devient mollasse comme les épinards passés à
l'eau chaude, et donne des tranchées aux chevaux.

C'est la terre qui doit donner l'herbe, la luzerne
et le sainfoin, ce n'est pas le fumier : le fumier est
destiné seulement à lui venir en aide, et, en effet,

mêlé à la terre, il l'enrichit ; mais la trop grande
quantité nuit à la qualité de la récolte, comme l'absence d'engrais appauvrit la terre. Semez sur un
fumier, vous ne récolterez rien qui vaille ; jetez la semence dans une terre bien défoncée, mais maigre,
le peu qu'elle donnera sera de bonne qualité. C'est
sa mère qui l'a nourrie, si appauvrie qu'elle fût.

Nous avons dit que les anciens agriculteurs ob-
tenaient de leurs prairies artificielles une plus longue durée : c'est qu'ils les créaient dans de meilleures conditions ; leur labour était plus profond,
les racines trouvaient plus de terrain pour se loger.
Et les racines de la luzerne indiquent par leur grosseur qu'il leur faut un défoncement profond pour
se développer à l'aise. Car, si elles n'ont pas assez
de terrain à parcourir, quand elles ont tout rempli,
elles repoussent sur la surface, elles languissent ; les
jeunes, ne pouvant plus plonger en terre parce
qu'elles sont gênées par les vieilles, offrent peu de
résistance à l'action de la gelée et du soleil de printemps, elles sortent de terre et périssent. Pour obtenir une bonne prairie artificielle, il faut la mettre
dans la meilleure condition. Or, cette condition la
meilleure, je le répète, c'est le défoncement.

D'ailleurs, les luzernes et les sainfoins n'aiment
pas l'humidité, qui leur est ennemie ; pourtant une

certaine humidité leur est indispensable, c'est celle qui ne fait pas prendre un bain aux racines.

Les prairies artificielles se font ordinairement sur les côtes où la culture des céréales est difficile. Or, le minimum de profondeur qu'exige ce travail est de 32 à 33 centimètres; une charrue y pourra-t-elle jamais parvenir?

On objecte qu'un défoncement est un travail bien dispendieux; mais la dépense est faite pour un siècle, et, pour prendre sur soi de s'y résoudre, qu'on calcule comme on le fait en achetant une propriété en mauvais état.

Voici comme on procède:

| | |
|---|---|
| Acquisition . . . . . . . . . | tant. |
| Frais et formalité. . . . . . | tant. |
| Amélioration de fonds. . . . | tant. |
| Total. . . . . . . | tant. |

Ce capital me rapporte tant pour 100.

Que l'on considère un défoncement comme une dépense de fonds.

Un fermier possède quelque intelligence agricole, il améliore une ferme en mauvais état : ce n'est pas là une amélioration de fonds. Il ne fait que ce qu'avant lui un autre eût dû faire ; il répare ce que son successeur peut-être remettra en mauvais état. C'est un va et vient soumis au plus ou moins d'intelligence de l'agriculteur.

Mais une amélioration de fonds ne peut pas changer, bien que le fermier ne soit pas dispensé d'y mettre toute son activité et son intelligence. Il sera sûr que l'année sèche, que l'année humide ne l'appauvriront pas : sa récolte sera plus ou moins belle, selon l'année, mais il en fera certainement une. La grêle seule et la gelée pourraient occasionner des pertes.

Que l'on fasse donc les défoncements à 33, à 50, à 60, à 80 centimètres ou à 1 mètre ; qu'on les fasse à la main et le plus profondément que l'on pourra. Le terrain est aride, c'est une montagne ; par les défoncements, on obtiendra encore d'abondantes récoltes. Bien plus, les luzernières et les sainfoinières seraient placées sur les versants des côtes, sur des plateaux presque sans écoulement ; en défonçant à 33 centimètres, on obtiendrait encore des prairies de pâturage, un pâturage abondant, une herbe de bonne qualité.

Voici comme s'opère le défoncement à la main : les ouvriers travaillent en ligne, creusant un fossé de 1 mètre de largeur au bout du terrain, de la profondeur que l'on veut défoncer; dans toute la largeur ou la longueur de la pièce, on fait sans intervalle un fossé à côté du premier, un troisième près du second, et ainsi de suite, de même largeur et de même profondeur; on jette la terre du second fossé dans le premier, continuant ainsi jusqu'à l'extrémité du terrain, de manière que la terre du premier fossé soit transportée dans le dernier fossé de clôture.

Si l'on ne veut pas trop lésiner et faire aussi quelque dépense d'intelligence, on mettra à part la terre du dessus pour recouvrir la surface, et ainsi la bonne terre restera en haut.

L'opération faite, on hersera, si l'on n'aime mieux laisser passer l'hiver pour bonifier la terre en donnant deux ou trois cultures; avant de donner la dernière, on fume avec un engrais bien onctueux et on l'enfouit à environ 12 centimètres de profondeur. De très-bonne heure au printemps, on sème l'avoine, on herse; on sème la luzerne, on herse de nouveau; enfin, on tasse fort avec le rouleau par plusieurs tours sur la même place.

S'il s'agit de sainfoin, on répand la semence avant de herser, puis l'on herse et l'on tasse fort avec un rouleau lourd.

Dans les prairies sèches, on doit marner ou chau-

ler la pièce avant la dernière culture, si le terrain
est argileux ; plâtrer fort, si le sol est marneux ou
calcaire.

En tout cas, on doit avoir soin de ne pas laisser
mûrir l'avoine, et l'on fera bien de faucher l'avoine
et la première coupe de luzerne ou de sainfoin encore verte. Car, si la semence avait sa qualité germinative, si l'on a semé de bonne heure, on fera
déjà une récolte de luzerne ou de sainfoin la première année. La jeune récolte de prairie artificielle
étant fauchée de bonne heure, la racine se fortifie
en terre, la tige repousse et devient assez forte pour
résister pendant l'hiver. Si l'on avait un fumier long
pour l'abriter durant cette dure saison, ce serait un
bien ; néanmoins, ce fumier n'est pas indispensable ; car, la première année déjà, la racine a percé
bien avant la terre, grâce au défoncement profond.

Revenons aux plateaux : en les cultivant avec la
charrue Dombasle sans avant-train, en laissant ainsi
la terre une année, en remuant de temps en temps
par une culture superficielle ; puis, en ramenant
l'ancien sol au-dessus, en hersant bien, en semant
de bonnes essences d'herbes propres à la pâture, en
mêlant du plâtre ou de la chaux selon la nature du
terrain, on obtiendra un pâturage pour les moutons qui durera un siècle, pourvu qu'on n'y laisse
pas aller les porcs.

Je me répète en finissant : Que risque-t-on? Qu'on applique en petit cette simple méthode, qu'on la suive avec exactitude, l'on réussira et l'on voudra continuer. Supposons qu'on ne réussisse pas, on n'a pas exposé grand'chose, et l'ancienne routine est toujours là. Le calcul fait de la dépense, on supputera le revenu, on verra si c'est un bon ou un mauvais placement d'argent : liberté complète de cesser ou de continuer.

## DU MÉRITE DU CONGRÈS CENTRAL D'AGRICULTURE TENU A LA SORBONNE, A PARIS

La personne de haut mérite qui a proposé la formation d'un congrès central d'agriculture à Paris a eu certes une idée bien riche pour le progrès de l'agriculture.

En effet, des délégués des sociétés et comices agricoles de tous les départements de France, tous réunis, devaient se faire mutuellement connaître les besoins de chaque localité, dans l'intérêt de l'agriculture en général; ils devaient délibérer en ce sens que, sans entrer dans des détails trop scrupuleux sur les localités, ils appelassent l'attention du Gouvernement sur tel et tel point de l'agriculture, toujours dans l'intérêt général de l'agriculture.

Or, avant de présenter au Gouvernement leurs vœux pour le progrès de l'agriculture, ils devaient avoir bien étudié la question, pour prouver logiquement que ce qu'ils demandaient étaient réellement avantageux; bien sûrs que le Gouvernement, persuadé de l'utilité évidente de ce qu'ils proposaient, ne manquerait pas de le prendre en sérieuse considération. Mais ils devaient s'attendre aussi que, s'ils ne prononçaient que des discours oiseux, s'ils présentaient comme améliorations à introduire des projets entraînant de la dépense en pure perte, il resterait froid, parce que souvent déjà il s'y est vu trompé et n'en a retiré que de notables inconvénients.

Ces délégués devaient faire connaître les découvertes en agriculture, les améliorations introduites; là, tous réunis, ils eussent pu admettre ou combattre les innovations, faire étudier dans chaque localité les questions intéressantes pour l'agriculture, et celles qui n'auraient pu être résolues dans une session, auraient été remises sur la liste pour l'année suivante.

Voilà le congrès dissous! Qu'a-t-on fait? qu'a-t-on résolu? à quoi ont été consacrées les séances? Tout s'y est passé de manière à faire nier désormais l'utilité d'un congrès. On s'est retiré sans autre résultat obtenu que des frais aussi regrettables qu'in-

fructueux. Certes, de magnifiques discours y ont
été prononcés; on a parodié au mieux la Chambre
des députés; et, dans la discussion des projets présentés par les commissions, plus d'une séance s'est
écoulée à décider le rejet ou l'admission d'un amendement. Amendement sur quoi? Sur quelque article sans portée. Le projet manquait de signification;
comment l'amendement pouvait-il avoir quelque
intérêt? Dix orateurs parlaient pour ou contre à
leur tour, quelquefois tous ensemble; alors, grande
admiration, applaudissements soutenus pour leur
talent oratoire, pour leurs poumons surtout!

Il arrivait souvent que quatre orateurs s'éver-
tuaient à parler tous à la fois; l'un cherchant à couvrir la voix des autres. Grande lutte de poumons,
redoublement d'applaudissements; efforts surhu-
mains d'éclats de voix, applaudissements à tout rom-
pre. Il s'est vu des mouvements oratoires si véhé-
ments que la prudence a fait ouvrir les fenêtres, pour
éviter quelque bris de vitres ou de tympans.

Oh! si, dans un de ces moments solennels, on eût
pu, au moyen du daguerréotype, rendre fidèlement,
avec la ressemblance parfaite de tous les membres,
les voix différentes des orateurs, le bruit des applaudissements, le président implorant le silence, et
sa voix se faisant vainement entendre de loin en
loin, le bureau cédant à un rire homérique à la vue

d'une telle scène, quel tableau animé et symphonique à la fois ! Quel peintre oserait essayer de le reproduire ? En effet, M. le duc Decazes, président, M. Dupin, procureur général de la cour de cassation, et M. le comte de Gasparin, vice-présidents du congrès, qui sentent l'importance d'une telle institution, ont paru affligés de la tournure que prenaient les séances.

On y a parlé du libre échange, en tant qu'il touchait à l'agriculture ; les sentiments ont été partagés. On a parlé de l'introduction des étalons étrangers pour la race chevaline, bovine et ovine, même dissentiment s'est produit ; on a abordé bien d'autres sujets intéressants, on les a traités avec légèreté et trop superficiellement.

Je l'ai dit : tous les orateurs étaient applaudis pour leur talent de la parole, quelque opinion qu'ils soutinssent ; c'est qu'il est rare de voir des Démosthène, des Cicéron laboureurs, bouviers, bergers, agriculteurs enfin. Ces applaudissements partaient du fond du cœur, et les orateurs durent en être flattés ; mais les conclusions en pâtissaient. On voulait n'offenser personne, on applaudissait n'importe qui avec la plus grande impartialité ; l'orateur une fois descendu de la tribune, chacun de se demander : quelles sont ses conclusions ? nul ne l'aurait su dire. Bref, en cette réunion, l'on a vu se produire bien des Démosthènes... Que ne s'est-il montré un Virgile !

Souvent, à la moitié d'un discours, on n'aurait pu deviner à quoi tendait l'orateur ; lui-même, arrivé à sa péroraison, avait perdu de vue le but qu'il s'était proposé.

Revenons donc à notre titre : *du mérite du Congrès* et du peu de résultat qu'a eu le dernier.

Par où aurait-on dû commencer ? Par où a-t-on commencé ?

On aurait dû faire connaître d'abord l'état réel de l'agriculture, puis indiquer ce qui est urgent pour son progrès.

M. le duc Decazes, président du Congrès, a débuté par publier le programme ; il a fait connaître à l'assemblée ce qui devait attirer toute son attention. Mais sa bonne volonté n'a pas eu le succès désirable. Il a présidé avec toute l'impartialité, tout le calme que demandent de telles fonctions, avec la dignité que promet son caractère ; et, certes, sans son sang-froid, sans sa douceur, Dieu sait ce qui serait advenu de ce tumulte, de ces cris à peine imaginables et qu'on n'attendrait pas certainement d'une réunion d'hommes éclairés tenant séance dans la capitale du monde civilisé sur la plus grave des questions.

8

Ainsi :

Les délégués, venus à Paris avec mission de faire connaître l'état agricole de leur localité respective, et ses besoins, n'ont nullement accompli leur mandat.

L'art. 7 du Congrès interdit toutes discussions politiques; qu'a-t-on fait autre chose, sous le nom de questions agricoles ?

L'art. 8 interdit la lecture de discours écrits. Voilà le mal. Que de personnes, ayant de fort bonnes choses à dire, les avait écrites et n'ont osé, ne pouvant les lire, les exprimer à haute voix ! Les orateurs à talent ont seuls parlé; malheureusement, ils n'ont pas traité la question principale; c'est-à-dire, pour me servir d'un adage populaire qui exige pour première qualité d'un civet la présence d'un lièvre, c'est-à-dire que ces orateurs s'occupaient de la sauce, sans fournir le lièvre; les personnes qui ne disaient rien le tenaient peut-être dans leur sac.

A la Chambre des Députés que l'on s'est efforcé d'imiter, il n'est pas interdit aux membres, aux ministres mêmes de lire au lieu de débiter leurs discours; pourquoi le défendre au Congrès? On doit bien supposer que, si la personne qui lit son discours pouvait faire mieux, elle ne se priverait pas volontairement d'un avantage.

Pourquoi vouloir que de modestes cultivateurs soient de brillants discoureurs? Certes, si tous, le cultivateur lui-même, naissaient orateurs, où serait le mérite de l'être? Il s'agissait seulement, alors, de dire ce que de ses yeux l'on avait vu, ce qu'on avait entendu de ses propres oreilles, et non pas de frapper l'esprit, non pas d'émouvoir le cœur. Qu'on proclamât la vérité, qu'on déterminât l'utile, le but était rempli.

N'eût-on fait que poser les questions à résoudre l'année suivante, c'eût été déjà un grand pas de fait; j'entends des questions d'un intérêt capital, non pas des questions oiseuses.

Qu'a-t-on résolu sur les questions soumises? Rien, ou elles ont été résolues d'une manière insignifiante.

Sur la question du sel, et de son utilité pour l'agriculture, qu'a-t-on décidé? Rien. Elle était bien simple cependant. Il est vrai que le vœu de la suppression de l'impôt a été émis; mais avait-on besoin du Congrès pour cela? Tout le monde l'avait proclamé déjà. C'était de la manière d'utiliser le sel qu'il fallait traiter; il fallait là-dessus éclairer le public et l'instruire à son profit.

La question des étalons, à prendre soit en France,

soit à l'étranger, a donné lieu à de grands débats, et en pure perte. Ce n'était pas cela l'important. Eh quoi donc? Déterminer le moyen le plus sûr, le plus avantageux de leur remplir sainement la bouche d'une nourriture bonne en qualité, en quantité. A quoi bon faire venir de beaux étalons, fort chers, nourris de biscuits, de macarons, si nous n'avons à leur donner que du pain bis, ou même du biscuit, mais non du biscuit de Rheims. En thèse générale, pour faire prospérer un sujet, il faut le faire passer du mal au bien. S'il passe du bien au mal, il souffre, et qui souffre ne prospère pas.

Qu'un Français aille en Russie, qu'un Russe vienne en France, j'entends parler de gens de la classe peu fortunée, combien différemment ils apprécieront ce changement de climat ! Ainsi des animaux, ainsi des végétaux ; ils ont leurs climats de prédilection.

Qu'a-t-on dit sur les pommes de terre et leurs maladies ? A peine en a-t-on parlé dans le rapport. Quelques orateurs s'en sont occupés d'une façon si singulière, que, pour l'honneur de la séance, il vaut mieux s'en taire. Chacun avait fait ses observations en 1845, minute par minute ; ils en parlaient savamment, le microscope en main. Mais j'ose leur dire en face, qu'en 1845 ils n'ont rien vu du tout que quand le mal était fait. Chacun avait déjà préparé sa petite explication ; car, en fait d'explication, ces messieurs sont fort inventifs ; mais, arrive l'année 1846, elle n'est plus humide, elle est sèche, et le fléau se reproduit le même ; l'explication de 1845 est anéantie par ce fait ; tout est à recommencer. Ici, nouvelle explication, par les champignons, par les vers, etc. Voici 1847 qui renversera les hypo- thèses et enfantera mille autres explications plus ri- dicules peut-être que leurs aînées.

Quelques philanthropes ont éloquemment sou- tenu l'avantage de faire des magasins où l'on mît en réserve des provisions pour 1848 sur la récolte à faire en 1847. Voilà des gens bien prévoyants !

Des savants sont venus, qui, à force d'entendre vanter l'utilité du sel en agriculture, ont proposé d'en semer sur les champs pour les engraisser ; d'au- tres peut-être nous conseilleront bientôt d'en faire des semis, pour le récolter comme le blé et l'a- voine. Bon Dieu ! qui force donc ceux qui n'y en- tendent rien à écrire sur l'agriculture ? Que ces personnes en discourent dans un salon, à la bonne heure ; mais dans des rapports destinés à être gar- dés dans nos archives... Cincinnatus, que dirais-tu si tu revenais pour lire les écrits de nos législateurs agricoles ? Et toi, Virgile, si tu chantais les mer- veilles de notre agriculture, conseillerais-tu l'emploi du sel? voudrais-tu anéantir la gloire et l'érudition de tes immortelles Géorgiques?

Des brochures ont paru, signalant l'inconvénient du morcellement des terrains, et demandant une mesure législative qui y portât remède. Oh! modernes agriculteurs! Oh! philanthropes! demandez donc qu'un pauvre qui ne possède qu'un quart d'arpent de terrain en possède demain un, deux, trois arpents ou n'en possède plus du tout. C'est une affaire bien aisée pour ceux qui ont de grandes pièces; ils sont riches, ceux-là. S'ils jugent que leur projet est d'un intérêt public qui ne souffre aucun retard, qui les empêche de compléter l'arpent du pauvre qui n'en possède qu'un quart? Le pauvre ne s'en plaindra pas, sinon, qu'ils le laissent jouir en paix du peu qu'il a hérité de ses pères.

On conçoit bien qu'il est nuisible à une terre arable d'en diviser la longueur en deux ou trois parties; les raies sont trop nombreuses, il y a trop de pente. Tous les sillons d'un confin doivent avoir, dans l'intérêt de l'agriculture, une certaine largeur : largeur calculée d'après la position du terrain. En ce cas, l'expert nommé pour faire le partage doit déclarer la pièce impartageable. Mais, en toute autre circonstance, si petite que soit la contenance, chacun doit être libre; à moins peut-être que cette division ne dénaturât trop la pièce et qu'on ne pût

mis en se servant de toutes les directions pour arriver à sa propriété. Aussi le législateur indique-t-il la marche à suivre par l'article 692 ainsi conçu :

La destination du père de famille vaut titre à l'égard des servitudes continues et apparentes.

Il faut donc, quand on a un passage acquis, en faire usage d'une manière continue et apparente. Par exemple : un chemin étant fait, on devra s'en servir toujours, n'en jamais prendre un autre. Car, si le chemin n'est pas fait, il n'est pas apparent ; si l'on passe pour aller dans son champ, tantôt dans une direction, tantôt dans une autre, la servitude n'est pas continue : or, la loi est expresse là-dessus.

Ainsi, par négligence, par insouciance, par légèreté, un propriétaire peut tomber du cas prévu par l'article 692 dans celui qu'a prévu l'article 682.

Si donc le Gouvernement veut améliorer l'agriculture, il établira une loi qui mettra tous les possesseurs de propriétés enclavées hors du cas précité, évitant par là des procès partiels par une mesure générale et d'ensemble qui coûtera peu à chacun.

Les propriétaires qui perdraient du terrain pour que ce chemin fût fait, recevraient une indemnité proportionnée à la perte de terrain qu'ils supporteraient, en réglant le prix sur la valeur vénale du confin où l'on veut établir le chemin dans le moment de l'expropriation. Tous les propriétaires qui profiteraient de ce chemin payeraient l'indemnité en proportion des terrains qu'ils auraient dans le confin.

Quels seraient les avantages de cette mesure ?

Chaque propriétaire, au moyen du chemin, pouvant arriver à chacune des parcelles, quand il le jugerait à propos, pourrait y semer ce qui lui conviendrait, y conduire en tout temps de l'engrais, enfin, cultiver son terrain quand il le voudrait, de la façon et aussi souvent qu'il le jugerait bon.

Par là, le pauvre, le propriétaire de médiocre fortune, pourrait, s'il ne veut pas entreprendre la grande culture, faire du jardinage ; il serait maître absolu de sa propriété, libre d'en disposer à son idée, sauf les cas en petit nombre où le Gouvernement s'est réservé d'intervenir.

Quand les parcelles comprises dans une grande pièce contenant tout un confin sont enclavées, il faut se conformer à l'usage des lieux, se montrer tolérant pour les autres, afin d'obtenir la réciprocité. Il en résultera, d'après le système de rotation qui est ordinairement triennal, une année de jachère, pour préparer la pièce par le fumage, la culture et le repos de la terre (année que l'on emploie aussi à la culture des plantes sarclées ou du trèfle), et pour la nettoyer des mauvaises herbes ; une année de blé, une année pour l'avoine ou l'orge, ce que l'on nomme ordinairement *marsage*.

Dans cette position, comment sortir de sa pièce la récolte mûre, prête à égrainer, au risque d'en perdre une partie ? Car, enfin, le propriétaire qui fume le mieux son champ, qui laboure le mieux, le plus tôt et par le temps le plus convenable, qui a semé avant les autres, aura nécessairement sa récolte plus tôt mûre que celle des autres. Que faire ? Comme on fait. On faucille la récolte, on la lie, on l'enlève en passant sur le bout du champ des autres, sans même les prévenir pour leur donner le temps de fauciller ce bout de champ tel qu'il est et en profiter n'importe comment ; on foule cette récolte impitoyablement : le premier a passé, les autres passent ; voilà un dommage, voilà un chemin fait pour une année. Les propriétaires des champs ainsi endommagés en sont vivement contrariés ; pourtant ils n'osent rien dire, de peur de passer pour intolérants, et dans l'espoir d'en faire autant en pareil cas. Cette tolérance réciproque fait donc que tous les ans un terrain est cultivé en pure perte. Si on laissait ces terrains sans culture pour en faire un chemin d'une largeur telle que deux voitures pussent s'y croiser ; si l'on disposait ces

terrains en forme de route d'une hauteur régulière,
assez bombée pour l'écoulement des eaux, faisant
une simple raie de chaque côté et de petits ponts
pour écouler l'eau que le chemin pourrait arrêter,
il en résulterait ceci, que les chemins, n'étant faits
que pour l'exploitation, ne seraient pas trop fré-
quentés, se gazonneraient et fourniraient une bonne
pâture pour les moutons ou pour les vaches menées
à la corde. Ces chemins seraient loués tous les ans
par le maire, et le prix en serait consacré à leur
entretien. Par ce moyen, ce terrain, qui passe pour
perdu comme chemin, et qui aussi bien ne produit
rien quoique cultivé et ensemencé tous les ans, en-
richirait au moins l'agriculture comme fourrage.

Pour arriver à établir ces chemins, un géomètre,
commis à cet effet par le Gouvernement, se présenterait dans la commune. Le maire lui présenterait
le plan cadastral et lui adjoindrait une commission
d'indicateurs prise parmi les habitants qui connaî-
traient le mieux le territoire, les plus intelligents en
pareille matière. Sur le papier, sur le plan, on verrait déjà les propriétés enclavées. Quand on aurait
bien tout étudié et examiné, on prendrait copie de
la partie du plan du terrain où l'on voudrait commencer à opérer, on se rendrait sur les lieux, on
fixerait l'endroit le plus propice au chemin, on le
tracerait avec des piquets. Cela fait, on appellerait

les propriétaires intéressés pour examiner le tracé
et faire leurs observations : observations qui ne
pourraient empêcher l'exécution de la loi, mais qui
pourraient éclairer et faire mieux opérer qu'on ne
l'eût fait, soit sous le rapport du choix du terrain,
soit sous celui de l'écoulement des eaux.

Pendant que les propriétaires examineraient un
tracé, on en préparerait un autre, et ainsi de suite.

On pourrait profiter de l'occasion pour dresser
un nouveau cadastre dans les localités où il a été
mal fait ; et, malheureusement, comme beaucoup
de personnes s'en plaignent, cela n'est arrivé que
trop souvent.

Le Gouvernement, se décidant à adopter une pareille mesure si avantageuse à l'agriculture, devrait
compléter sa bonne œuvre. Et, prévoyant le cas où
la propriété enclavée serait de peu de valeur et seule
dans le confin, la loi ne s'étendrait pas à cette propriété. Dans cette supposition, le propriétaire de la
contre-partie, pour arriver au chemin à faire, aurait
le droit d'acquérir la partie enclavée au prix vénal
des terres du même confin, c'est-à-dire des terres
voisines ; et cela sans intervention d'experts. Au
bureau de l'enregistrement, on trouvera des renseignements sur la production de dix titres prové-

nant de propriétés différentes; on pourra prendre la moyenne.

Si ce propriétaire ne veut ou ne peut exercer ce droit, c'est au propriétaire de la partie enclavée qu'il est dévolu; et, si ni l'un ni l'autre ne peut ou ne veut l'exercer, il passe à l'un des deux voisins.

Je ne parle ici que des petites propriétés de campagne qui seraient enclavées; quant aux parcelles de propriétés urbaines, c'est aux habitants des villes qui s'y connaissent mieux que moi, à s'en occuper; mes connaissances ne se rattachent qu'à ce qui concerne la campagne.

Ceci soit dit pour les choses faites; venons aux choses à faire.

La plus importante, c'est d'éviter de retomber dans le cas d'enclave. Pour cela, quand une famille fait un partage, ou que plusieurs propriétaires sont indivis, on ne doit pas s'en rapporter tout bonnement à la stipulation concernant la destination du père de famille, prévue par l'article 692 du code civil; il faut bien stipuler, dans l'acte de partage, le lieu où sera le chemin et sa largeur; largeur qui ne pourra être moindre que celle indispensable pour que deux voitures puissent s'y croiser à l'aise, en suivant l'esprit des articles 683 et 684 du même code.

Le législateur a bien prévu le cas où des immeubles pourraient être, par des experts, déclarés impartageables, auquel cas ils sont licités avec ou sans admission des étrangers, article 824 du code civil, 969 et 970 du code de procédure ; mais cela n'est pas suffisant, puisque cette prévision ne porte guère que sur les propriétés bâties, et qu'on voit, par les rapports d'experts, qu'il s'en fait bien rarement application aux propriétés de culture. Il est donc indispensable d'obliger chacun à faire une application sévère.

Le législateur a prévu le cas d'experts nommés pour faire les partages, en cas de difficultés soulevées entre les co-partageants. En ce cas, les experts ont dû déclarer si les immeubles étaient ou n'étaient pas partageables, en tout ou en partie ; mais le cas qui se présente le plus souvent, c'est le partage amiable où les parties s'arrangent comme elles l'entendent. C'est alors que la législation doit intervenir en établissant une règle à suivre sous peine d'amende. Je dis *sous peine d'amende*, parce qu'une bonne règle sans pénalité ne produirait absolument aucun résultat.

Voici une idée sur la règle à faire suivre en cas de partage. Toute propriété susceptible d'être partagée sans perdre beaucoup de sa valeur en proportion de son importance, doit être divisée de manière à ce que chaque quote-part aboutisse à un chemin assez large pour le croisement aisé de deux voitures, et conduisant à la voie publique.

Toute propriété se trouvant dans le cas précédent devra, avant d'être divisée, détacher la part nécessaire à la création des chemins servant à l'exploitation de toutes les parts. Si la propriété n'a pas d'issue sur la voie publique, les propriétaires auront à se procurer un chemin par la voie qu'indique l'article 682 du code civil, chemin qui pourra être fait en même temps que sera prise la mesure générale. Ces chemins devront avoir la largeur prescrite et être faits comme l'exige la loi pour la mesure générale.

La loi de partage doit indiquer pour toutes les parcelles la contenance non-seulement en bloc, mais celle de la largeur des bouts et de toutes les parties quand leur largeur varie, et la longueur à chaque aspect, comme dans les pièces irrégulières; et cela, afin que chacun des propriétaires puisse, quand il le jugera à propos, s'assurer par lui-même si le voisin n'a pas anticipé.

Toute propriété aboutissant à un chemin devra être divisée de manière que chaque quote-part y aboutisse, sans que cette division puisse faire perdre de la valeur en laissant trop peu de largeur. En effet, un champ, un sillon trop étroit ôte de la valeur à la terre par la culture, par la semence et par une mauvaise disposition d'un sillon d'une largeur raisonnable, mais qui serait fendu en deux. En ce cas, la pièce est reconnue impartageable par la nature même, sans l'intervention des experts ou de la justice : ce sillon doit être licité entre majeurs ou par la voie judiciaire, dans les cas prévus par la loi, si toutefois l'on ne peut établir de compensation dans le corps du partage, soit par un autre terrain, soit par plus-value.

Tout partage fait doit, avant que les nouveaux propriétaires puissent entrer en possession, être soumis à la formalité de l'enregistrement, non à cause de la fiscalité, mais pour que le receveur des domaines puisse vérifier si l'on s'est conformé à la loi.

La largeur et la longueur, à chaque aspect de chacune des parcelles, étant une mesure d'ordre, toute contravention donnera lieu à une amende, qui sera constatée comme il est d'usage de le faire dans l'administration, et perçue de la même manière.

Tout acte translatif de propriété sera soumis à la même règle, et l'amende sera la même.

Cette amende sera fixée par la loi à intervenir. Par là, on évitera beaucoup d'embarras et de procès, et l'agriculture y gagnera sensiblement.

Revenons au Congrès. Il y avait lutte entre les membres à qui ferait les plus belles propositions dans l'intérêt de l'agriculture, disaient-ils. Les uns ne voulaient que des chevaux, les autres ne voulaient entendre parler que de bœufs pour cultiver la terre. Une pareille discussion, évidemment, ne peut s'élever qu'entre gens qui n'entendent rien à l'agriculture : un aveugle jugerait aussi bien des couleurs. Le vrai agriculteur fait justice de semblables discussions, et entendant la tribune retentir de paroles aussi creuses, il a jugé bientôt que le but de la réunion était manqué.

Le vrai agriculteur sait bien que les bœufs et les chevaux sont utiles également et qu'on doit faire son choix d'après les localités et la position de celui qui cultive, suivant qu'il a une vaste ferme isolée, ou que sa ferme est composée de parcelles répandues sur le territoire de la commune qu'il habite. Il sait qu'il peut employer et bœuf et cheval, l'un dans un cas, l'autre dans un autre ; qu'enfin il y a peu de circonstances où l'on ne ferait pas bien d'employer l'un et l'autre.

Par exemple, dans une ferme isolée où les bâtimens d'exploitation sont au milieu du terrain, on fera bien de se servir de tous les deux. Il est rare que, dans une grande ferme, ne se rencontrent pas

des terres froides et des terres chaudes. Eh bien !
dans ce cas de ferme isolée et de terres de plusieurs
natures, il faut employer l'engrais avec discernement ; il faut faire deux fumiers : l'un venant des
écuries de chevaux pour engraisser les terres froides
et glaiseuses ; l'autre des écuries de vaches pour
les terrains chauds. Quand tout le terrain est de
même nature, il faut mélanger l'engrais.

Les chevaux sont employés à cultiver les terres
les plus éloignées, à battre à la mécanique, à faire
le *charroyage* extérieur et éloigné, enfin à rentrer
les récoltes. Un véritable agriculteur sait que les
bœufs sont peu propres à faire le charroyage, notamment celui de la rentrée des récoltes ; et cela, à
cause de certaine habitude qu'on ne peut leur ôter
de courir brouter tout ce qui leur convient. La voiture se déplace, s'éloigne de l'endroit où elle a besoin d'être pour faciliter le chargement ; il faut un
domestique, seulement pour garder les bœufs.

Les bœufs s'emploient à la culture des terres
rapprochées ; ils sont avantageux à cause du bon
engrais qu'ils donnent ; ils sont faciles à fourrager ;
on leur donne leur ration, ils la mangent, se cou-
chent, se reposent et se relèvent pour le travail. Ils
coûtent moins cher ; si quelque accident leur arrive
et qu'il faille les abattre, on peut utiliser leur
viande. On les achète jeunes pour travailler ; quand

ils deviennent vieux et paresseux, on les engraisse pour la boucherie, et on les vend souvent à un prix qui dépasse celui d'acquisition.

C'est le contraire pour les chevaux. On les achète cher; quand ils sont vieux, ils ont peu de valeur; quand un accident leur arrive, après la peau, le reste n'a plus de valeur que pour les produits chimiques. On sait le peu qu'on en retire.

Voici, d'autre part, les avantages que procurent les chevaux au cultivateur; avec eux, il fait ses cultures éloignées, ses charroyages; il les emploie à la mécanique à battre. De plus, il fait des élèves tous les ans : quand ils ont acquis une certaine valeur, il peut en grossir son budget de recettes, pourvu qu'il les ait élevés avec soin, intelligence et économie. Pourtant il ne doit compter sur ce profit que lorsqu'il palpe les espèces, car il y a bien des chances à courir. Qu'il ne se décourage jamais néanmoins, qu'il élève toujours. S'il est soigneux, il y a toujours économie, pour peu qu'il vende plus cher qu'il n'a dépensé; en ce sens que où il y a pour quatre, il y a pour cinq : une, deux, trois, quatre années se passent, l'élève est parvenu à l'âge d'être utilisé, on le vend et l'on en tire une petite somme assez ronde. On n'aurait pas fait d'élèves que le même fourrage eût été dépensé : seulement, on n'aurait rien à vendre.

C'est une raison de plus de veiller à la distribution du fourrage, pour gagner le bout de l'année sans qu'il vienne à manquer. Si l'on n'y fait pas attention, ou les bestiaux en ont de trop et le gâtent, ou ils n'en ont pas suffisamment, ce qui les met en un fâcheux état. Ce qui importe pour cette distribution, c'est de bien régler les rations et les heures de repas.

Quand, au contraire, les terres sont répandues par parcelles sur tout le territoire et que le siége de l'exploitation est au village, l'emploi des chevaux paraît indispensable pour accélérer les travaux. On ne doit plus avoir de bœufs que pour la culture des terres rapprochées du village et surtout pour les parcelles de la plus grande contenance ; car, s'il faut courir d'une petite pièce à une autre, les bœufs perdront trop de temps. En ce cas, le cultivateur qui ne pourrait pas utiliser les bœufs, devrait avoir d'autant plus de vaches. Il en aurait l'engrais et le laitage ; il ferait des élèves pour vaches laitières, bœufs de trait et bœufs de boucherie. Celui qui ne pourra utiliser ses bœufs, en élèvera et en vendra à ceux qui pourront en faire usage, ou bien échangeront un bœuf contre une bonne vache laitière : l'argent est quelquefois rare à la campagne, par ce moyen, on n'aura rien à débourser.

Il y a des villages où une partie du territoire est

négligée dans la petite culture , faute d'assez nombreux cultivateurs. Les petits propriétaires qui n'ont
pas assez de terres pour avoir un train de culture,
et qui pourtant sont trop à leur aise pour aller travailler chez les cultivateurs, ne peuvent avoir leurs
terres cultivées que dans l'arrière-saison, quand
les cultivateurs n'ont plus rien de mieux à faire.
Leurs terres, bien qu'en bon état de fumure, ne
produisent pas ce qu'elles devraient, parce qu'elles
ont été cultivées trop tard. En effet, on sait que le
cultivateur est obligé de cultiver pour les journaliers quand ils le demandent; autrement, ceux-ci
leur refuseraient leur travail pour aller ailleurs, ce
qui les mettrait dans l'embarras.

Qu'y faire? Ce que j'ai vu pratiquer dans plusieurs communes de la Lorraine, que je pourrais
citer. Plusieurs petits propriétaires se réunissaient,
composaient, avec des vaches fortes, avec des bœufs
qu'ils avaient élevés, un attelage de quatre bêtes de
trait, vaches, bœufs et chevaux ; quelquefois de
deux bœufs et de deux vaches, et même de deux
chevaux de peu de valeur et de deux vaches ou
de deux bœufs. Ils faisaient avec cela leur culture
en temps opportun; ils la faisaient eux-mêmes et
bien, alternativement, tantôt pour l'un, tantôt pour
l'autre. Puis, au moyen d'un cheval que chacun
d'eux possédait, ils faisaient avec une petite voiture

leurs charroyages eux-mêmes. Quand ils voulaient aller au marché au grain pour y conduire leurs produits, ils empruntaient une voiture à larges jantes, y réunissaient quatre chevaux et partaient ainsi pour le marché le plus voisin.

Ces petits cultivateurs travaillaient beaucoup, mais pour eux-mêmes; ils n'eussent pas voulu aller en journée chez des cultivateurs; en se réunissant plusieurs, ils se prêtaient ainsi un mutuel secours.

Avant cet ingénieux moyen, les terres de ces villages étaient d'une mince valeur. Au bout de neuf ans, cette valeur a doublé, et elles sont dans un admirable état. Je cite ce fait pour qu'il soit imité dans les localités qui, placées dans les mêmes circonstances, obtiendraient des mêmes moyens les mêmes résultats.

En écrivant, mon but est d'indiquer tous les moyens que je sache d'enrichir l'agriculture. Que le lecteur m'excuse si ce passage ne l'intéresse pas suffisamment; que les personnes à qui il pourrait être utile en profitent.

L'on s'est de plus occupé au Congrès du choix des étalons dans les diverses races de chevaux, bœufs ou moutons. De longues séances ont été consacrées à cette question, qui est restée irrésolue et dans son intégrité.

C'est que cette question n'était pas la véritable. La question devait traiter de la meilleure nourriture à donner aux chevaux, aux vaches, aux moutons, de la nourriture la plus abondante, la plus saine, la plus substantielle.

Le moyen d'obtenir cette nourriture une fois trouvé, toutes les races existant en France prendront un plus beau développement. On doit comprendre que le père et la mère étant dans une bonne condition de nourriture, dans une bonne condition hygiénique, leur fruit s'en ressentira; on le reconnaîtra à la première vue, comme il arrive dans la race humaine. La figure, l'attitude nous indiquent de suite si une personne est dans l'aisance ou n'y est pas.

Arrivé à ce point d'amélioration, on obtiendra l'autre par des croisements faits avec intelligence. Chaque race s'améliorera dans sa localité même par des accouplements bien assortis, sans le secours de races étrangères, en choisissant pour étalons les mieux constitués pour l'usage qu'on en attend, soit le trait, soit la monte. On ne recourrait à un sujet étranger que pour satisfaire un caprice; car si l'on a beau et bon produit, à quoi bon changer?

Il ne resterait donc plus qu'un point à examiner, et c'est le plus important : je veux parler des poumons, qui sont l'âme du cheval; sans poumons, le cheval n'est plus un cheval, c'est une rosse. Qu'on veille donc avec la plus grande attention au choix des étalons et des juments, pour que les producteurs soient bien partagés sous ce rapport, pour que les produits apportent en naissant cet organe en bon état, pour n'avoir plus qu'à le lui conserver par l'hygiène, par la nourriture et par l'éducation.

Je n'ai rien à dire sur la manière d'élever les chevaux, je n'ai jamais élevé que deux poulains : ils ont bien tourné. L'un d'eux a cinq ans maintenant et sert dans la cavalerie légère; je suppose que ce sera un des meilleurs chevaux du régiment sous le rapport de la santé et de la liberté dans les membres, dans la démarche. Pendant douze ans, j'ai fait des élèves dans la race bovine et mes expériences ont réussi, car j'ai toujours cherché, en faisant des élèves, à trouver les causes de la réussite et de la non-réussite, non-seulement chez moi, mais chez mes voisins, chez les agriculteurs, enfin chez les éleveurs dont j'ai pu visiter les établissements.

Quant aux encouragements pour l'élève des bestiaux de toute race, j'ai indiqué plus haut ce que je pensais sur le moyen de les améliorer. J'ai indiqué ailleurs les vrais et seuls moyens d'encourager l'agriculture en général; je n'y reviendrai pas. Voyons seulement ce qu'on peut dire des primes de courses.

de chevaux; de celles du marché de Poissy et autres.

M. le ministre de la guerre emploie un moyen efficace pour encourager les éleveurs de chevaux, et, si les autres parties de l'agriculture se voyaient ainsi encouragées, elles ne resteraient pas longtemps en arrière. Aux officiers de cavalerie envoyés pour acheter des chevaux, M. le ministre a donné l'instruction de payer à un éleveur de chevaux, 50 francs de plus à valeur égale qu'à tout autre vendeur. Certes, voilà un encouragement intelligent; aussi porte-t-il son fruit. En Lorraine, du moins, les éleveurs ont plus de courage; ils font plus d'élèves qu'autrefois, et ici, je puis citer un des officiers recruteurs, M. Rey, comme remplissant sa mission avec tout le zèle et l'intelligence que demande M. le ministre pour arriver à son but.

Pour l'intervention du Gouvernement dans la production des étalons des races chevaline, bovine et ovine, elle a fait ce qu'elle pouvait faire de mieux. Nous avons depuis longtemps des haras; on achète des producteurs des races bovine et ovine, on se procure même des porcs de belle race; que peut-on faire de mieux? Qui pourrait indiquer de meilleurs moyens?

Voudrait-on exiger du Gouvernement qu'il fournît

un valet pour chaque animal et du bon fourrage?
On finira par exiger qu'il garantisse les animaux
des maladies contractées par suite des mauvais soins
qu'ils ont eus.

Oui, le Gouvernement est en parfaite mesure pour
le progrès sous ce rapport; mais, malheureusement,
il ne met pas partout la même intelligence. Il lui arrive trop fréquemment de supposer que, parce qu'il
a exprimé le désir que telle amélioration soit produite, parce qu'il y a eu commencement de démonstration, le bien va se trouver produit.

Il n'en est pas de l'agriculture et de son progrès
comme des formalités à remplir périodiquement, il
ne suffit pas d'une simple théorie, il faut de la pratique et de la pratique surveillée de près. Le Gouvernement fait une dépense en vue du progrès; il
n'a rien fait, s'il ne s'assure que cette dépense a
produit son effet, ou bien qu'elle est la raison de
son non-succès, pour arrêter des frais inutiles.

On établit une loi, c'est pour produire un bien
ou empêcher un mal; si elle ne remplit pas son but,
on cherche à faire mieux. Il en doit être de même
pour l'agriculture. Tout établissement administra-
tif ou pratique créé pour l'amélioration de l'agriculture qui n'amène pas ce qu'on en attend doit

être réformé, sans découragement, jusqu'à ce qu'il atteigne son but.

L'argent consacré aux courses de chevaux est une dépense inutile, ridicule, si l'on pense au peu d'encouragement donné du reste à l'agriculture. Faire une dépense de luxe quand on manque de tout en mauvaise année, quand on n'a pas assez dans les bonnes, c'est faire preuve d'une insouciance coupable de ce qui est dû à l'indispensable.

A quoi servent les courses dans l'état actuel de l'agriculture, quand même on obtiendrait çà et là quelques chevaux qui égalassent en vitesse ceux qui ont remporté les prix ; à rien, si ce n'est à satisfaire le caprice de quelques gens riches, gens riches qui, par ce caprice même, sont menacés de ne l'être pas longtemps. Que n'emploie t-on cet argent à des primes à distribuer par les sociétés et comices agricoles? cela profiterait au bien général, cela profiterait aussi bien aux pauvres qu'aux riches.

Les riches y gagneraient, parce que les éleveurs encouragés obtiendraient dans le nombre de leurs chevaux, des sujets qui feraient ce que font les chevaux anglais si vantés, et que ces sujets précieux s'achèteraient de 1,000 à 2,000 francs au lieu de 1,000 à 10,000.

Autre avantage : les chevaux ordinaires de grosse et de petite cavalerie reviendraient à l'État de 3 à 600 francs; les plus beaux chevaux d'équipage ne coûteraient pas plus de 800 à 1,000 francs; on n'aurait plus de ces mauvais chevaux qui n'en méritent pas le nom et dont on use faute de mieux.

Quand enfin cette industrie serait prospère, on pourrait penser au luxe, on pourrait pardonner l'établissement des courses de chevaux; chaque cultivateur qui aurait élevé un cheval pourrait le faire entrer en lice; il y aurait vraie concurrence; la France entière s'y intéresserait, et l'on ne regretterait pas un déplacement qui procurerait la vue d'un pareil spectacle.

Je parlerai aussi du concours de Poissy pour les races bovine et ovine. Ayant reçu une carte d'entrée pour le concours de 1847, j'ai cédé à la curiosité, et j'avoue que la vue des animaux amenés au concours m'a ravi; les bœufs et les moutons de diverses races étaient d'une grande beauté. Il y avait là 5 à 6 bœufs cotentin d'une taille colossale, de vrais éléphants pour la hauteur. Je ne pouvais me lasser de les admirer, et naturellement je demandai la recette qui donnait des bœufs de cette taille, recette qu'un délégué au Congrès me communiqua aussitôt.

Or, en voici le résultat tel qu'on me l'a indiqué, sans y changer une lettre ou un chiffre : écoutez ; prenez note, j'écrivais sous la dictée : « Ces bœufs, me dit le délégué, seront vendus 1 franc le demi-kilogramme ; ils ont coûté aux éleveurs pour arriver à cette taille, 2 francs le demi-kilogramme. »

Eh ! quel est donc l'avantage de faire des bœufs-éléphants ? la viande des bœufs en bon état de graisse ne vaut-elle pas au moins autant que celle de ces colosses ?

Donner des primes aux éleveurs de pareilles bêtes était chose juste, non pas qu'il y eût profit à le faire, puisque c'est le contraire, mais parce que la possibilité d'arriver à ce résultat a été démontrée ; seulement, continuer l'encouragement pour n'arriver toujours qu'au même point et avec les mêmes frais, ce serait donner une prime à qui saurait le mieux se ruiner en connaissance de cause.

La chose est démontrée, on peut faire des bœufs de cette taille. Maintenant qu'on ne songe plus aux bœufs-éléphants que quand on aura amélioré les prairies et l'agriculture en général ; jusque-là, ayons des bœufs qui se vendent plus cher qu'ils ne coûtent, et que la viande soit à un prix qui permette d'en acheter.

Pourquoi en Prusse et dans la Bavière Rhénane réussit on à vendre la viande de 1 à 2 et 3 décimes le demi-kilogramme? Parce que la chose est praticable à force de soins et d'intelligence. Pourquoi dans le même pays, le pain du pauvre est-il si mauvais? Parce que le terrain est maigre pour nourrir le blé et que les habitants le négligent pour porter leurs soins et leur intelligence à l'élève des bestiaux.

Mais, si nous voulions en France, mettre en œuvre l'intelligence dont nous sommes capables, si nous profitions de la richesse de notre sol, dans dix ans, nous ne ferions plus qu'une seule et même qualité de pain pour le pauvre et pour le riche; tout le son serait le partage des bestiaux. On ne ferait plus que de la farine blanche; et, en parlant ainsi, je ne cherche pas à pousser au luxe; la vérité est que la farine blanche contient plus de substance nutritive que l'autre, et que la partie grossière a son mérite comme nourriture donnée aux bestiaux. De même, nous aurions de la viande à 1 ou 2 décimes le demi-kilogramme, prise chez l'éleveur; le vin ne serait plus à un prix assez élevé pour être considéré comme boisson de luxe.

Alors vraiment, le chef de l'État pourrait se vanter d'avoir vu réaliser le vœu de son aïeul de bien-

10

faisante mémoire : le campagnard pourrait mettre la poule au pot.

Enfin, j'ai cru remarquer, et il m'a paru ressortir des discours tenus au Congrès sur le libre échange, que, pour faire de la popularité sans doute, quelques orateurs avaient insinué que les grandes fortunes industrielles pourraient bien écraser les petites sous leurs poids, et faire rejaillir l'influence de cette catastrophe sur l'ouvrier, le pauvre ; mais qu'au moyen du libre échange, les produits de fabrique, abondant de toutes parts, seraient à plus bas prix, et que la classe inférieure y gagnerait. Je chercherai à redresser cette erreur et à éclairer la classe qui en souffrirait, voire même l'orateur.

Comment un grand industriel, en France ou ailleurs, a-t-il débuté ? En confectionnant les produits de son industrie de la meilleure qualité et au meilleur marché possible, il a cherché à s'attirer la confiance des consommateurs de sa commune ; il a bien fait ses premières affaires, et leur a donné plus d'extension ; alors il s'est appliqué à gagner les suffrages de tout son canton, puis de l'arrondissement, du département, de la province, enfin de tout son pays.

Il ne s'arrête pas là, il étend plus loin la vente de ses produits, il s'introduit chez les étrangers, il gagne de proche en proche, et, s'il est heureux, ce

qui arrivera, s'il est intelligent et actif, s'il exerce
son industrie avec honneur et probité, il envahira
tout le globe.

Quand cet industriel commençait, il cherchait
par ses manières, par ses caresses en quelque sorte,
à se faire bien venir de son voisinage; mais, au fur
et à mesure que son industrie s'est élargie, ces
moyens ne lui étaient plus praticables; le seul qui
lui restât de soutenir sa réputation, c'était de fournir de bons produits à des prix raisonnables.

Plus tard, quand il s'est encore agrandi, il ne
songe plus qu'à fournir les produits qu'appellent les
besoins des contrées envahies par son commerce;
il ne s'occupe plus des détails, il ne cherche plus
qu'à vendre en gros, et cette vente augmente en
proportion de l'extension du commerce.

Arrivé à sortir de son pays, le grand industriel a
la concurrence à soutenir avec les étrangers; il lui
faut une fortune assez grande pour résister, sans
écroulement, à un revers possible. Il l'a cette fortune, par lui-même d'abord, et par le crédit que lui
donne la confiance qu'il inspire. Dès ce moment,
il peut se maintenir, réaliser d'énormes bénéfices,
et, sans nuire aux petits industriels, accroître encore son énorme fortune; pourtant, à ce point d'é-
tendue, il n'a jamais rien de trop à cause des cas
imprévus qui peuvent se présenter.

Ce grand industriel que nous supposons, s'il a réussi à gagner la confiance de son pays, celle des pays étrangers, saura bien maintenir la concurrence de manière à empêcher l'envahissement des produits étrangers; envahissement qui enlèverait le numéraire du pays, comme il est arrivé en Espagne, en Portugal et ailleurs avec les Anglais. Que si les colosses de l'industrie ne suffisaient plus à la mise de fonds nécessaire pour augmenter les moyens de production par des machines perfectionnées; s'ils ne pouvaient plus offrir d'une qualité et à un prix qui pussent lutter avec la concurrence étrangère, l'industrie française succomberait au profit de l'étranger. Quand le prix et la qualité ne pourraient plus supporter la comparaison, les consommateurs ne considèreraient plus si le produit est national ou ne l'est pas, ils ne chercheraient que leur intérêt. Enfin, lorsque la marchandise étrangère aurait acquis la réputation d'être meilleure et à meilleur marché, le mal serait fait et subsisterait longtemps.

Ce ne sont pas les grands industriels qui ont commencé à lutter contre les petits; c'est le contraire qui est arrivé. Si les premiers n'avaient pas gagné au fur et à mesure qu'ils s'étendaient, certes, personne ne les aurait voulu imiter. C'est donc le profit qu'ils ont fait qui leur a suscité des concurrents.

Ainsi, qu'un petit industriel commence dans une localité où séjourne aussi le grand, il n'y aura guère concurrence, si ce n'est pour établir un prix à peu près convenable. En effet, le grand ne vend pas dans le lieu même en gros, en petite quantité, encore bien moins en détail. Le petit industriel fabrique et vend en détail ; et c'est à mesure que ses affaires s'accroissent qu'il cesse le détail pour l'abandonner au marchand. Il suivra donc de plus ou moins loin le grand industriel dans sa progression ascendante ; mais il n'y aura pas lutte entre eux ; il n'y aura lutte qu'entre industriels de même force.

Conséquemment le grand industriel, bien loin d'écraser le petit, sera son protecteur, sa sauve-garde contre l'importation de l'étranger. Pourrait-il, lui qui débute, soutenir les efforts de l'étranger ? A la première escarmouche, il serait ébranlé ; à la seconde, il succomberait.

Ainsi, la classe ouvrière n'a rien à redouter des grands industriels ; elle doit, comme les petits, les regarder comme les protecteurs de l'industrie nationale, et comme la plus sûre garantie de leur pain quotidien.

## LIBRE ÉCHANGE

Avant de songer à établir le *libre échange* en matière de commerce et d'agriculture, il faut examiner jusqu'à quel point il y a équilibre, pour les productions à échanger, entre la France et les autres pays.

Si, par exemple, la France importe pour cent millions de produits, et qu'elle n'en exporte que cinquante millions, il n'y a pas équilibre.

Pour simplifier l'étude de cette question, nous ne nous occuperons que de l'équilibre qui pourrait exister entre la France et l'Angleterre, laissant de côté les autres puissances avec lesquelles une pareille convention pourrait être conclue.

Et d'abord, qui a proposé le libre échange? On sait assez que ce sont les Anglais; et, d'après la générosité bien connue de nos voisins d'outre-Manche envers la France, on peut tirer cette conséquence, que, s'ils n'y trouvaient un avantage immense, ils ne le proposeraient pas.

Mais y trouvons-nous le nôtre? La France peut-elle lutter pour le commerce et l'agriculture avec sa rivale? Non.

Les partisans français du libre échange fondent

l'avantage que nous y devons, selon eux, trouver sur nos vins de Bordeaux et de Champagne ; ils ajoutent à cela que l'Angleterre, quoique notre aînée en agriculture, ne peut, en raison de sa grande population et du peu de terrain qu'elle a à cultiver, se suffire à elle-même ; qu'à plus forte raison elle ne peut lutter avec nous ; qu'ainsi donc, pour les produits agricoles, elle aura besoin de nous aussi ; enfin, que par le vin et le blé, l'équilibre sera bien établi a ec les produits de ses manufactures.

Voyons jusqu'à quel point nos libre-échangistes peuvent avoir raison : sans établir de chiffres, donnons quelques explications qui en tiendront lieu.

Supposons que l'exercice du libre échange ait commencé entre la France et l'Angleterre au 1er janvier 1846, et n'oublions pas que depuis lors le blé est augmenté de prix, que les Anglais excellent au commerce ; qu'ils ont une immense marine, et qu'ils en savent tirer parti ; qu'ils ignorent moins que nous ce qui se passe en France, dans le monde entier ; qu'enfin, ils sont nos maîtres, en fait de finesse et de ruses.

Or, que pensez-vous qu'ils aient fait depuis le 1er janvier 1846 ? Le voici. Ils auraient commencé par une forte commande de nos vins de Bordeaux et de Champagne, de nos vins et de nos eaux-de-

vie du midi : en achetant à leur rivale une masse
de produits de bonne qualité, de ceux qu'elle ne
peut tirer de son climat froid, elle aurait flatté notre
amour-propre, elle nous eût, comme on dit, *doré
la pilule.*

Ils n'auraient pas commencé par nous envoyer
des produits de leurs manufactures : ils sont bien
trop prudents, ils voient de bien trop loin, et ils
auraient craint de porter par là ombrage aux manufactures de France.

Ils nous auraient donc laissés en pleine sécurité.
« Les Anglais, auraient ajouté les libre-échangistes,
vous ont acheté votre vin, votre eau-de-vie, et pourtant ils ne vous encombrent pas de leurs marchan-
dises. » Voilà tout pour le mieux.

Mais c'est alors qu'aurait été le véritable danger,
danger où, pauvres Français, nous aurions couru
en aveugles : en acceptant le libre échange, on nous
vendait tous, trente-cinq millions que nous sommes,
pieds et poings liés, à la voracité de nos excellents
voisins.

Pendant que, joyeux, vous leur livriez vos vins
et vos eaux-de-vie, les Anglais, voyant votre blé
déjà cher, devinant qu'il deviendrait plus cher encore par la mauvaise récolte, ont envoyé leurs émis-

saires par toutes les régions du monde qui récol-
tent le blé et le vendent à bon marché ; ils ont tout
accaparé à bas prix, à bas bruit ; ils ont disposé
leurs batteries, et, quand tout est prêt, voyez-les à
l'œuvre. Quand votre blé est cher, quand vous
n'avez plus de pommes de terre, ils vendent d'abord
à assez bon marché, et cela jusqu'à ce que le blé
de France soit épuisé. Bientôt il n'y en a plus d'autre que le leur, et nous sommes entre leurs mains.

Le prix est élevé : les classes peu aisées, et c'est
le grand nombre, y regardent à deux fois pour faire
acquisition de vêtements, car ils sont chers. Ainsi,
toujours dans la supposition du libre échange établi
en 1846, les Anglais, après nous avoir abattus par
le blé, nous auraient achevés avec les produits de
leurs manufactures qu'ils auraient livrés pour presque rien. Petit profit, grand débit.

Bientôt nos manufactures, ne pouvant plus lutter
contre eux, se seraient arrêtées ; les ouvriers eussent
chômé de travaux, obligés d'aller louer leurs bras
pour un modique salaire, pour du pain. Dès lors,
le commerce tombait, le courage défaillait ; avec les
forces et la volonté disparaissait la lutte ; nos arts
et métiers, notre industrie, notre agriculture, tout
était perdu : on a vu, d'ailleurs, si la récolte était
suffisante pour nous sauver de ce naufrage.

Tout n'est pas dit encore : après nous avoir amenés là : « Nous vous achèterons du vin, auraient
ajouté nos voisins, mais nous le payerons tel prix.
Vous refusez ! Bien ; nous irons ailleurs : l'Espagne
a du vin, le Portugal, l'Italie en ont. » Eh bien !
sommes-nous vendus ? Sommes-nous bien livrés ?
Qu'en pense-t-on ?

Voilà, libre-échangistes, voilà le péril que vous
cherchez, voilà ce qui serait arrivé, voilà ce qui arrivera si vos idées ont le malheur de prédominer et
de se voir adopter, sous le prétexte avantageux de
vendre vin de Bordeaux et de Champagne, eau-de-vie
aux Anglais.

Vous dites, relevant l'achat de blé dont je parlais,
que s'ils ont pu en recueillir ainsi chez l'étranger
pour accabler la France, rien ne les empêchait d'en
faire autant pour soulager, pour sauver l'Irlande.
C'est vrai. Mais y songent-ils ? Ils trouvent à gagner
sur nous ; c'est, certes, un puissant excitant : secourir les Irlandais, c'est honorable, sans doute ; mais
où est le gain ? Qu'importe à ceux qui auraient fait
un semblable coup de commerce que quelques millions d'Irlandais meurent de faim !

Vous pouvez nous demander aussi, à nous qui
combattons le libre échange, ce que nous croyons
qu'il y ait à faire pour la prospérité de notre patrie,

pour que notre commerce marche mieux, pour que nous nous débarrassions avantageusement de nos produits vinicoles.

Voici, je pense, ce qu'il y aurait à faire, à moins qu'on ne trouve mieux encore.

Il faut, et tout le monde le proclame, améliorer notre agriculture, l'améliorer en l'encourageant d'une manière plus efficace. C'est la base de la prospérité publique. Comment s'y prendre?

Qu'on choisisse de sincères protecteurs de l'agriculture, en réformant tout ce qui a été créé de sociétés et comices agricoles, en établissant une hiérarchie d'administration agricole, gratuite, bien entendu, par cette échelle descendante:

1° Le ministre de l'agriculture, qui existe déjà;

2° Une réformation de la société royale et centrale d'agriculture à Paris, pour toute la France;

3° Une société centrale d'agriculture dans chaque département, pour tout le département;

4° Un comice agricole dans chaque canton rural, pour le canton. (Il est inutile d'en établir un par arrondissement, puisqu'il y aura un comice au chef-lieu, comme dans les autres cantons.)

Ainsi, tous les anciens statuts des sociétés centrales et des comices seraient rapportés ; on en formerait de nouveaux, bien uniformes, d'après une base générale par toute la France, pour donner de l'ensemble à la nouvelle organisation, pour lui communiquer force et énergie.

L'ancienne organisation, jusqu'à présent, n'a pu enfanter que des résultats morts nés : il faut donc que la nouvelle soit constituée de telle sorte qu'elle amène un fruit plein de vie, que sa géniture soit bien sensible, bien visible, bien significative.

On composerait les comices agricoles d'un nombre fixe de membres pris parmi les agriculteurs, les éleveurs anciens et nouveaux. Tous les agriculteurs et éleveurs seraient électeurs au comice, et procèderaient aux élections des membres aux chefs-lieux de canton.

Il faudrait convenir pourtant que l'habitant qui n'a qu'une vache et qui élève un veau ne fût pas électeur, et que, pour l'être, on fût tenu d'avoir au moins quatre vaches à l'écurie.

Les membres élus procèderaient de suite à la formation du bureau, et feraient le choix des dignitaires président , vice-président, rapporteur, secrétaire.

Dans l'élection cantonnale, on ferait une seconde élection pour nommer les délégués qui iraient aux élections du chef-lieu de département pour la nomination des membres de la société centrale départementale.

Les membres élus pour cette société formeraient de suite le bureau pour l'élection des dignitaires.

A ces élections départementales, nomination de délégués pour aller à Paris siéger à la société royale et centrale d'agriculture pour toute la France ; et, dans cette société, élection des membres composant le bureau.

Si M. le ministre voulait provoquer un congrès central à Paris ou dans les chefs-lieux de département, il en aurait le droit, sans que cela pût se renouveler dans l'année, sans qu'il fût tenu de le faire tous les ans.

Les délégués qui auraient donné leur vote pour l'élection des membres de la société centrale de Paris assisteraient au congrès.

Les réunions des comices et des sociétés centrales se feraient une fois par mois.

Les réunions pour les comices, par exemple, pourraient avoir lieu le 1er de chaque mois ; celles des sociétés centrales de département, le 15, et celles de la société centrale de Paris, à la fin du mois.

Dans ces réunions, les comices délibèreraient sur toutes les questions qui intéressent l'agriculture du canton, pour le présent ; ils écriraient leurs délibérations et en enverraient copie à la société centrale du département : la société centrale d'agriculture du département délibèrerait sur l'ensemble des délibérations des comices, écrirait ses délibérations et en enverrait copie à la société centrale de Paris, laquelle prendrait délibération sur l'ensemble de toutes celles des départements, et en enverrait copie au ministre de l'agriculture.

Le ministre examinerait cette délibération, formulerait son opinion, en rendrait compte au conseil des ministres, aussi bien qu'à la société centrale d'agriculture de Paris. Cette société en donnerait copie aux sociétés départementales, qui en enverraient copie aux comices.

Il est juste et raisonnable que, si l'on rend compte mois par mois au ministre, le ministre à son tour exprime tous les mois son opinion aux sociétés et aux comices.

Cette administration agricole étant gratuite, il

serait de droit que les frais restassent à la charge de l'État; qu'il eût aussi à supporter les frais de voyage, aller et retour, des délégués, comme pour les jurés aux assises.

L'État devrait laisser également à la disposition des comices une somme ronde fixe et annuelle, à distribuer entre les cultivateurs et les éleveurs les plus méritants du canton : à la société centrale de chaque département, une somme ronde fixe et annuelle, à distribuer aux cultivateurs et éleveurs les plus méritants des départements; enfin à la société royale de Paris, une somme ronde fixe et annuelle, à distribuer aux cultivateurs et éleveurs les plus méritants de toute la France.

Les primes à distribuer seraient celles-ci :

1° Une prime à l'agriculteur qui aurait montré le plus d'intelligence pour la culture des terres;

2° Une à celui qui aurait montré le plus d'intelligence pour l'amélioration et la création des prairies naturelles;

3° Une à celui qui aurait montré le plus d'intelligence pour la création des prairies artificielles;

4° Une à celui qui obtiendrait le plus bel étalon pour la race chevaline;

5° Une à celui qui aurait la plus belle jument poulinière;

6° Une à celui qui aurait les plus beaux poulains et en aurait le plus grand nombre;

7° Une à celui qui aurait élevé le plus beau taureau ;

8° Une à celui qui aurait élevé les plus belles vaches, soit pour la viande, soit pour le lait, soit pour le trait;

9° Une à celui qui aurait élevé les plus beaux veaux ;

10° Une au cultivateur qui aurait le train de culture le mieux tenu, sous le rapport de la propreté dans les écuries, de la santé des bestiaux, de l'économie des engrais, du choix des instruments aratoires, etc.;

11° Une au cultivateur qui, en général, aurait ses bestiaux dans le meilleur état;

12° Une au cultivateur qui aurait les moutons les plus beaux et dans le meilleur état.

Ces indications sont données pour mémoire et pour mieux expliquer ma pensée.

La loi ou l'ordonnance à intervenir établirait règlement sur tous ces points; mais, au moins, en voilà la base, et je me tiens prêt à développer mon avis si on le juge nécessaire.

On comprendra donc que le choix des membres de la société de Paris, des membres de celles des départements, des membres des comices, que l'élection des dignitaires ne sont pas des formalités indifférentes : c'est un point fort grave au contraire. Qu'on songe que ce sont des juges appelés à prononcer sur le mérite des choses avantageuses à l'agriculture.

Au moyen de ce nouvel ordre de choses, le Gouvernement voudrait-il connaître le produit de la récolte d'une année, n'importe laquelle, il aurait bientôt entre les mains un état circonstancié de l'agriculture de toute la France, par commune, par canton, par département. Ainsi, le ministre de l'agriculture pourrait, tous les ans, tous les mois, rendre compte au Gouvernement et aux Chambres des progrès de l'agriculture, des produits de la récolte. Le coin le plus reculé de la France donnera ses renseignements agricoles; renseignements sûrs, parce qu'ils seront apportés par les gens les plus capables de les fournir.

Ainsi, ayant les moyens d'améliorer les champs,

11

les prairies naturelles et artificielles, en faisant valoir ces moyens d'amélioration, on améliorerait encore les races de bestiaux, on en augmenterait le nombre, on les mettrait en bon état, on les engraisserait. Bientôt, on verrait augmenter la quantité des subsistances pour les hommes et les bestiaux, et l'on pourrait les perfectionner sous le rapport de la qualité.

Une fois l'abondance et la qualité obtenues, le prix diminuerait, et cette économie tournerait au profit du commerce; en effet, la somme destinée aux subsistances devenant plus que suffisante, on en consacrerait l'excédant au bien-être, au superflu dont s'alimente le commerce.

Les fabriques, les manufactures, les usines, trouvant un facile débouché pour leurs produits, prendraient plus d'activité, emploieraient un plus grand nombre d'ouvriers; bien payé, le travailleur pourrait thésauriser et garder un morceau de pain pour l'âge où ses bras refuseront leur service. S'il a quelque intelligence, quelque aptitude, de l'activité surtout, peut-être arrivera-t-il à une certaine aisance; à ce point, la confiance lui naît; s'il marche en avant, si la prudence le guide, il peut tenter quelque entreprise, et pourquoi n'y réussirait-il pas?

Donc, quand on aura fait ce qu'il faut pour l'amélioration des prairies naturelles, et la création des prairies artificielles; quand on aura préparé le fond de la terre pour la bonne culture de la terre arable, résultat qu'amèneront plus promptement la formation de l'administration agricole, la loi sur les devoirs entre maîtres et domestiques, le code rural; quand, dans les campagnes, on aura mis à exécution la loi sur l'instruction primaire, avec l'enseignement agricole surtout, comme je le demande dans un article spécial; alors, l'agriculture aura toute la protection nécessaire à son parfait développement; alors, les agriculteurs, horticulteurs, viticulteurs, arboriculteurs, sylviculteurs, pourront mettre mutuellement à contribution leurs diverses notions pratiques et théoriques; ils ne pourront plus s'en prendre qu'à leur incurie; ils ne pourront plus se rejeter sur le Gouvernement qu'ils accusent maintenant de ne rien faire pour le progrès de l'agriculture; rien ne manquera plus alors pour être cultivateur que la bonne volonté de le devenir.

La plus belle fortune, d'abord, c'est la santé. Or, le travail, l'occupation, si l'on n'abuse pas de ses forces, est le meilleur des médecins. Quand donc le travail ne manque pas, qu'on s'assure l'existence présente et des ressources pour l'avenir; n'a-t-on pas toute chance de bonheur, sauf les accidents imprévus, inséparables de l'humanité?

Si les chemins de fer, si des canaux traversant la France en tout sens, sont une fois faits, d'une province à l'autre on s'entr'aidera : Bordeaux, le Midi, la Bourgogne, la Champagne, fourniront leurs produits viticoles aux provinces qui en manquent; celles-ci, en échange, fourniront aux provinces viticoles les produits dont celles-ci manquent. Les moyens de transport, prompts et moins coûteux, permettront d'envoyer d'une province à une autre des denrées qui, avant la création de ces moyens, couraient risque de s'avarier en route.

Les habitants de la Lorraine, par exemple, au lieu de planter, sur leurs côtes, des vignes qui donnent à peine tous les dix ou douze ans une récolte passable, y établiront des *luzernières*, des *sainfoinières*, pour nourrir et engraisser leurs bestiaux; ils amélioreront par là leurs terres arables. Et, pour la mauvaise piquette dont ils se passeront aisément, ils auront bon pain, bonne viande et bon laitage.

On sera plus à l'aise, d'un côté; de l'autre, les moyens de transport plus faciles étant devenus moins coûteux, les vins des bonnes côtes, les vins de bonne qualité arriveront, dans les provinces qui en manquent, à des prix raisonnables; et chacun pourra se permettre d'en acheter, en échange des produits qu'il aura vendus. Chaque province saura tirer parti de ce que comporte son climat. Voilà les échanges qui s'établissent dans l'intérieur de la France, de province à province; laissons ce commerce se faire, la concurrence s'établir, la première éducation commerciale se compléter, nous songerons plus tard à des échanges avec l'étranger.

Par cette grande amélioration de l'agriculture, la France, favorisée par la fertilité du sol, la douceur du climat, non-seulement pourra se suffire à elle-même, mais, au lieu de laisser échapper tous les ans des millions et des millions encore pour l'acquisition d'objets de première nécessité qu'elle pourrait se procurer elle-même, c'est à l'étranger qu'elle pourra vendre, c'est lui qu'elle fera contribuer.

L'agriculture florissante, le commerce en voie de prospérité, la concurrence s'établit avec nos voisins d'outre-Manche, qui cessent, par ce fait, d'être aussi entichés du libre échange.

Puissent les nations rivaliser d'efforts et d'intelligence! puissent-elles finir par s'égaliser et rendre possible ce libre échange! Il s'exécuterait sans bruit et sans défiance; plus de douanes, plus de rivalité, une seule famille sur le globe. Toujours est-il vrai que, pour arriver à l'état de prospérité le plus désirable, il faut commencer par l'amélioration des

prairies naturelles et la création des prairies artificielles : on pourra ainsi bien nourrir et perfectionner les races de bestiaux; moyen efficace d'avoir un
bon fumier pour enrichir le sol arable et la culture
en général.

J'ai recherché le moyen le plus sûr, le plus facile, le plus durable, le plus économique d'améliorer
les prairies naturelles en terrain sec, mixte et humide, de créer des prairies artificielles productives
et durables; enfin, de préparer le sol pour l'horticulture et l'agriculture, base fondamentale de toute
bonne culture, je renvoie aux articles qui traitent
de cette importante question.

Ce que j'y propose est avantageux ou ne l'est pas :
donc, on le doit mettre en pratique le plus tôt possible ou le rejeter tout à fait. Qu'on le soumette à la
délibération, à l'appréciation des hommes capables
et compétents.

Pour s'assurer si la méthode est vraiment avantageuse, je le répète, qu'on en fasse l'essai en petit
sur plusieurs natures de terrain; la certitude de son
efficacité s'établira; qu'on continue, qu'on augmente
tous les ans, sans entreprendre plus qu'il ne faut
pour bien faire. Oui, c'est là le point principal :
faire peu et faire bien; or, en faisant peu, on a plus
de pouvoir de bien faire.

Au reste, je ne crains pas plus le raisonnement, la discussion, que je ne redoute l'essai, l'expérience, que je suis tout disposé à tenter sous les yeux d'une commission éclairée.

L'on rencontre deux sortes d'incrédules en pareil cas. Les premiers sont ceux qui ne veulent pas consentir que tout autre qu'eux ait pu imaginer quelque chose de bon, un système heureux, une innovation saillante en agriculture. Ces sortes de personnes doivent s'imputer à elles seules les inconvénients de leur incrédulité.

Mais il est une autre espèce d'incrédules plus dangereuse, parce que son incrédulité est fondée en quelque sorte. Je veux parler des gens dupés par des écrits agronomiques en beau langage, sortis de la plume d'hommes totalement ignorants en agriculture ou qui ne la connaissent que de nom ; qui portent un jugement sur les récoltes, pour avoir battu la plaine peut-être à l'ouverture de la chasse, ou fait une fois par an une excursion dans la campagne, qui distinguent à peine l'avoine de l'orge, prennent le jeune chanvre pour du persil et le lin pour du cerfeuil. Un agriculteur lit un de ces livres, il en a lu assez ; il conclut mal, mais il conclut qu'il en est toujours ainsi ; il entre en méfiance, ne veut pas tenter une expérience qu'il redoute, et le bon reste enfoui avec le mauvais dans le même dédain.

Oui, c'est un malheur qu'il en soit ainsi. Des avocats sans cause, des jeunes gens de bonne famille, sans place, ne sachant à quoi consacrer une certaine facilité que les études leur ont donnée, voulant sortir du néant où l'oisiveté les tient, s'amusent à écrire sur tel ou tel sujet; quel malheur, quand leur choix tombe sur l'agriculture! Ils se figurent qu'il ne leur faut pas de grandes connaissances; que de belles phrases tiendront lieu de science. Par le fait, de tels ouvrages feront merveille dans un salon; les propriétaires en seront charmés et engageront leurs fermiers à suivre les doctrines d'un livre si élégamment écrit. Il y aura quelques dupes parmi les fermiers, plus encore parmi nos nouveaux agriculteurs à mérinos, à bœufs de Durham : leur bourse en souffrira.

Ainsi, l'ignorant nuit et nuira toujours à l'écrivain consciencieux. L'agriculteur, trop en garde contre la séduction, rejette tout sans discernement.

Déjà même il est des personnes à qui mon travail porte ombrage; on cherche pourtant à ne pas laisser lire ce sentiment. Quoi qu'il arrive, ni le courage ni la patience ne me feront défaut.

### DES MAITRES ET DES DOMESTIQUES

Un fléau redoutable, non moins terrible que la

maladie des pommes de terre, fléau qui a toujours existé, c'est cette lutte sourde, c'est cette position de méfiance et d'inimitié en quelque sorte entre maîtres et domestiques comme entre domestiques et maîtres.

Que de personnes se passent de domestiques, non par économie, mais pour en éviter le désagrément ! Que de cultivateurs mêmes ont renoncé à l'agriculture ! Que de chefs d'établissement ont renoncé à continuer leur industrie par suite de ces désagréments ! Des maîtres, devenus domestiques, sont comme ceux qui les ont ruinés ; des domestiques, devenus maîtres, avouent qu'il est en quelque façon impossible d'empêcher un mal dont ils constatent la présence sans pouvoir en déterminer la cause.

Chacun se plaint, cherche ou dit qu'il cherche le motif d'une affliction pareille ; le malheur, c'est que, dans la recherche des racines du mal, on ne se met pas assez en peine de trouver, parce que l'on a d'avance jugé la plaie incurable.

Comme tous les autres, j'ai eu à subir ma part de ce fléau. Mon train de culture m'obligeant à garder un nombreux domestique, j'ai eu à souffrir, et c'est à mes dépens que j'ai pu étudier la question ; mais enfin je l'ai étudiée. Je l'ai retournée sur toutes ses faces, et, si chacun en eût fait autant, quel-

ques pas eussent été faits sans doute pour remédier
au mal.

Cherchons d'abord à éclairer la voie... Tous les
hommes se ressemblent, sauf qu'ils ont plus ou
moins de vertus, plus ou moins de vices, ou de disposition à tels vices, à telles vertus. Un domestique est
encore libre, il est citoyen, il a droit à autant d'é-
gard que tout autre homme. Le domestique est placé
sur la même ligne que tout autre citoyen. Manquer
à la bienséance est aussi blâmable chez l'un que
chez l'autre ; la contravention aux lois est punissable
en l'un comme en l'autre. Le maintien et la force
des lois obligent à établir l'ordre et à le respecter.

Or, plus exact sera-t-on à l'observance des lois
et règlements, plus sévère sera-t-on pour les faire
observer ; plus l'on verra régner l'ordre, la paix,
l'union, la force. Si peu qu'on se relâche de cette
sévérité, le désordre commence à reparaître ; la
tranquillité, la concorde en souffrent. La loi doit
atteindre, sous peine d'être appelée inique, les riches et les pauvres. Civilement parlant, le maître
doit être au domestique et le domestique au maître, comme dans le militaire le chef est au soldat et
le soldat au chef. La stricte observation des règlements militaires maintient l'ordre et la discipline ;
tout marche comme un seul homme par des signes

conventionnels. Relâche-t-on quelque chose de cette sévérité nécessaire, la discipline en souffre, l'union qui fait la force se dissout; funeste conséquence d'une négligence imprudente.

Ce que j'ai à dire sur ce chapitre m'est venu à propos de l'antipathie que témoigne à l'endroit de la colonisation de l'Algérie M. le maréchal Bugeaud. M. le maréchal en veut aux colons civils, et je devine pourquoi. Il a été, dit-on, grand agriculteur, il s'est vu à la tête d'un nombreux domestique, de nombreux journaliers qui ne lui ont obéi, qui n'ont agi vis-à-vis de lui que comme on agit, comme on obéit dans le civil, de la manière dont tout le monde se plaint.

Les domestiques se levaient quelques heures plus tard que l'heure indiquée et convenue; le maître comptait sur telle besogne achevée au moment convenu et le domestique le savait : pour avoir terminé à l'heure et récupérer le temps perdu, il faisait à la hâte ce qu'il eût pu faire sans fatigue en se levant plus tôt, et le travail en souffrait. S'agissait-il, par exemple, de soigner et de fourrager les bestiaux ? Les bestiaux mal soignés, mal ou insuffisamment nourris, souffraient et dépérissaient; ajoutons qu'ils ne rationnaient pas les bestiaux suivant le désir du maître : ils gâtaient le fourrage; en l'absence du maître, tout se faisait mal : les journaliers n'étaient pas plus scrupuleux. Comment empêcher tout cela ? La question, on le voit, est assez grave.

M. le maréchal a donc pris en dédain tous les bourgeois, tout le civil. Les choses ne se passent pas ainsi dans son armée : en son absence, les officiers surveillent, tout se fait à point nommé, à heure fixe, parce que c'est le code militaire qui fait loi. On ne peut être en retard, négliger son devoir, désobéir impunément. Mais, si les militaires, depuis le soldat jusqu'au général en chef, n'avaient plus sous les yeux ce code militaire, tout irait bientôt comme dans le civil, peut-être pis.

N'a-t-on pas des exemples nombreux à citer qui prouvent que, dès que la discipline se relâchait, des résultats funestes en étaient la suite ? insurrections, révoltes ; et, quand l'ennemi, profitant de l'occasion, venait présenter la bataille, on la perdait infailliblement. Des généraux entendus venaient-ils rétablir la discipline, tout revenait en ordre et les échecs étaient réparés.

Pour l'armée, les règlements, le code militaire sont nécessaires, et, sans eux, rien ne distinguerait le soldat du bourgeois : cette discipline oblige à l'exactitude, et plus l'on se montre sévère à l'exiger, plus l'ordre règne. Il n'y a pas d'autre preuve à en donner que de rappeler ce qu'est la garde nationale, armée composée de bourgeois; je parle surtout de celle des campagnes. Là, en effet, il y a trop de familiarité pour qu'il puisse y avoir de la discipline : chacun veut commander, même dans les rangs; plus d'exactitude, plus d'ordre. Dans les petites villes où l'on peut déjà établir un bataillon, l'ordre semble un peu mieux s'établir; c'est que les habitants ont l'habitude de se soumettre aux règlements de police, que l'on suit mieux qu'à la campagne. Dans les grandes villes, il y a une ou plusieurs légions : là, les règlements s'observent beaucoup mieux et la discipline est plus sévère, l'exactitude plus grande. Enfin, à Paris, la garde nationale ressemble un peu, quoique avec de notables différences, à nos troupes de ligne.

Qu'on mobilise cette garde civique, que, comme sous l'Empire, on l'envoie à nos frontières, on verra ce qu'on a vu en 1813, cette garde, sous le nom de cohorte, rivaliser avec l'armée et s'immortaliser comme elle l'a fait dans la campagne de Dresde.

Cela prouve qu'une lacune législative est la seule cause des inconvénients qu'on trouve aux domestiques et journaliers.

Voyez, dans les villes, ces inconvénients sont moins graves que dans les campagnes : c'est que

maîtres, domestiques, gens de journées ont une
certaine habitude de soumission aux règlements de
police, ce que j'ai dit déjà, parce que surtout la
justice est plus près.

C'est donc une loi qui manque pour faire justice
de tous les griefs, loi qui délimiterait les devoirs et
obligations des maîtres, des domestiques, des gens
de journées les uns vis-à-vis des autres ; loi qui établirait une pénalité en toute circonstance qui se
puisse prévoir où les intérêts mutuels seraient lé-
sés ; loi qui obligerait le maître à tenir un registre
spécial coté et paraphé, les domestiques un livret
coté et paraphé par l'autorité compétente, où serait, en tête, inscrite une copie de la loi même, où
seraient notées les conventions réciproques des parties. Dès lors, le maître ne pourrait plus impunément renvoyer ses gens par pur caprice, et les domestiques, les journaliers ne pourraient plus, par
un coup de tête, quitter subitement leur maître et
le laisser dans l'embarras.

Certes, il n'y aurait là rien de contraire aux
mœurs ni à la raison : l'un s'oblige à telle chose,
l'autre à telle autre ; il y a convention synallagma-
tique, ce que les lois ne peuvent réprouver. L'exactitude mutuelle en est le résultat ; les conventions
sont écrites, la sécurité s'établit de part et d'autre.

Si, d'un côté ou de l'autre, on n'est point satisfait pour un motif qui n'est pas l'objet d'une convention prévue, on en est quitte pour se séparer, quand le terme fixé est expiré, en s'avertissant réciproquement un certain temps à l'avance, temps que fixerait la loi à intervenir.

Or, le meilleur moyen d'arriver à formuler une loi de cette importance, ce serait, de la part du Gouvernement, d'établir en programme ce que la loi doit contenir, de la mettre au concours en donnant une espèce de modèle : on n'aurait plus qu'à y ajouter les termes de pénalité.

Il est aisé de comprendre que, par une formule de loi, on fera mieux comprendre sa façon de penser que par les meilleurs discours sur la matière. Rien n'empêcherait de faire suivre la formule, sous forme de note, de l'exposé des motifs.

Tous ces projets de loi reçus, le Gouvernement nommerait une commission ou conseil délibératif pour en faire l'examen, y puiser ce qui s'y trouverait de meilleur pour en former un projet définitif, avec exposé de motifs, qu'on soumettrait aux Chambres pour y être discuté.

Il serait à souhaiter qu'il en fût fait ainsi pour toutes les lois : tous les cas ne peuvent être prévus par les législateurs et le conseil d'État. Quelles lumières sortiraient d'un concours de tous les gens éclairés de la France! car, il faut en convenir, les lois laissent beaucoup à désirer, malgré la sollicitude et la bonne volonté du Gouvernement.

## DE L'EMPLOI DU SEL ET DE SON AVANTAGE EN AGRICULTURE. MOTIFS QUI DOIVENT DÉTERMINER LE GOUVERNEMENT A ABAISSER L'IMPOT, S'IL NE VEUT PAS LE SUPPRIMER.

La même intelligence doit présider à l'emploi du sel en agriculture qu'à son emploi en cuisine ; c'est-à-dire qu'il est plus aisé d'y en ajouter que d'en retirer ce qu'on y a mis de trop.

Il y a plusieurs moyens de l'employer.

Le premier consiste à le donner brut aux animaux seulement qui le désirent : car s'il y a des hommes qui aiment le sel, il en est d'autres aussi qui l'aiment fort peu ou point du tout, et les bestiaux sont dans le même cas.

Le second moyen s'emploie en entassant le foin, quand sa crue n'est pas de bonne qualité, ou encore pour améliorer le foin avarié : soit celui qui a été surpris par des pluies trop prolongées ou en tas ou répandu dans les prés ; soit celui qui aurait été inondé, amené par les eaux et retiré hors de l'eau, plein de boue, plein d'ordures, foin qui souvent n'a plus ni force ni couleur, et qui est bon tout au plus à faire de la litière.

Donner un pareil foin aux bestiaux, ce serait faire la même chose que si on leur présentait la paille qui couvre les maisons des champs.

Personne au Congrès n'ayant osé dire comment le sel devait être employé, je vais donc prendre sur moi d'en dire ce que je sais : il est convenu déjà qu'il y a deux manières de l'employer.

Pour la première, qui est de l'employer brut, il faut consulter chaque animal : on lui en présente avec trois doigts de la main entre les lèvres; s'il l'aime, il le recherchera. Ainsi donc, la personne chargée de soigner les vaches doit porter un petit sac en cuir soutenu par une ceinture, sac qui ne la quitte pas et qui fait corps avec la ceinture même. Elle se tiendra près de l'animal : si le sel lui a plu, il tournera la tête du côté du bouvier, comme ferait un cheval qui s'attendrait à recevoir sa ration d'avoine. Si l'animal, au contraire, ne se retourne pas pour en redemander, s'il ne fait pas mine de trouver plaisir à le prendre quand on lui en met dans la mâchoire, inutile alors de lui en offrir davantage; ce serait du sel perdu.

Il faut n'en donner aux animaux que l'un après l'autre, continuer tant qu'ils mangent avec plaisir et cesser dès qu'ils n'en veulent plus.

On en donne quelquefois aux chevaux en le mêlant avec l'avoine, pour leur donner de l'appétit; mais le cheval est un petit mangeur de sel. En revanche, la vache ne s'en rassasie pas facilement.

Les moutons aussi, en général, aiment beaucoup le sel. Pour le sel à donner brut, je ne parlerai pas des moutons, m'étant peu occupé de la race ovine; pour le sel à employer dans le fourrage, comme je vais l'expliquer, les moutons trouveront leur part.

Quand on a du foin qui a perdu sa force et sa couleur, il a dû naturellement peu fermenter et par là avoir peu de qualité : en ce cas, s'il peut être rentré sec, en l'entassant sur le fenil on doit avoir soin de commencer par étendre un lit de paille d'une épaisseur suffisante pour y placer le foin; puis, de trépigner comme il faut le foin, pour qu'il n'offre pas de partie creuse; enfin, chaque fois que l'on aura une hauteur de 40 centimètres, plus ou moins, mais environ, de faire une aspersion d'eau passablement salée, à l'appréciation du cultivateur. On continue cette préparation pour autant que l'on a de foin, ou que l'emplacement en peut contenir, observant de ne pas trop saler, de ne pas trop mouiller, usant de ce moyen assez pour que, quand le foin viendra à fermenter, la vapeur le pénètre bien partout. Qu'on le piétine bien pour qu'il fasse corps dans toute la largeur : la fermentation ne s'en fera que mieux. Enfin, que le haut du tas soit exactement couvert, afin que la dernière couche de foin fermente comme les autres et ne s'évapore pas.

Quand le foin ainsi arrangé aura bien fermenté, il se ressuiera, il sera saturé de sel : ce sel sera cristallisé à chaque brin du foin et les bestiaux le mangeront avec appétit. Ce foin, évidemment, n'aura pas la qualité du bon foin, mais les bestiaux le prendront volontiers et sans risquer d'en devenir malades. J'ajouterai même que souvent ils le mangeront avec plus de plaisir que le foin de crue de bonne qualité, qui n'a pas été très-bien rentré.

Quand on rentrera du foin de crue de mauvaise qualité, mais bien fané et rentré par un beau temps, on pourra faire usage du sel en tassant le foin, mais en le semant sec, comme on sème le blé, sur chaque épaisseur d'environ 40 centimètres. Le foin bien rentré contient encore assez de sève pour provoquer la fermentation, sans qu'il soit besoin de mouiller le sel.

Quant aux foins de première qualité, inutile d'y ajouter du sel ; il faut le laisser pur. On a toujours la faculté de donner à l'animal du sel pur lorsqu'il mange, si l'on juge à propos de le faire.

Les fourrages avariés, pleins de poussière, d'ordures, doivent être traités d'une autre manière.

On doit les laisser dehors jusqu'à ce qu'ils puissent être rentrés secs, car, s'ils doivent se pourrir dans l'intérieur, autant vaut les laisser se pourrir dehors et en faire de l'engrais. Mais, si ce foin est rentré sec, on ne l'emploira bien certainement qu'à la dernière rigueur; on pourra du moins l'utiliser. On devra le battre à la mécanique ou au fléau, de manière à en faire sortir toute la poussière ; quand on se sera assuré qu'il est bien net, on le placera dans la condition du foin dont la force et la couleur sont perdues, ainsi que je l'ai expliqué plus haut : alors, on pourra en tirer parti, sans craindre de rendre les bestiaux malades.

Voilà le moyen le plus convenable d'employer le sel en agriculture : c'est-à-dire qu'il sert à donner de la qualité au fourrage, et, de cette façon, entre dans la composition de l'engrais pour fertiliser les champs.

Pour ce qui est de l'employer brut en le répan-

dant sur les champs, comme on fait du plâtre ou
de la chaux, ce serait être bien novice en agriculture que de s'en occuper : le sel brut comme engrais
ne produit aucun effet ; il doit auparavant avoir subi
une certaine préparation chimique dans l'estomac
de l'animal : réuni à d'autres matières indispensables, il devient alors engrais. Or, cette préparation,
le cercle de mes connaissances ne me permet pas
de l'expliquer : je laisse cette tâche à la science.

On emploie aussi le sel dans les engrais factices,
comme, par exemple, celui de Geoffrai.

Que conclurai-je donc ? Que si l'on ne veut pas
supprimer l'impôt, il importerait du moins de le
diminuer de telle sorte qu'il se fît peu sentir et se
confondît avec le prix de fabrication. La consommation plus grande ferait retrouver une partie du
déficit produit par l'abaissement de l'impôt. *Petit
profit, grand débit,* est un axiome de commerce applicable ici. Par là, on ôterait l'envie de recourir à la
fraude : comme cela n'en vaudrait plus la peine, on
hésiterait à s'y exposer.

## DE LA CHAUX EMPLOYÉE COMME ENGRAIS DANS LES TERRES ARABLES

J'ai peu de chose à dire sur la chaux employée

comme engrais ; mais ce qu'il faut faire observer, c'est qu'on ne s'en doit servir que pour les terres froides, argileuses et compactes. Elle est bonne pour diviser la terre et la rendre friable et meuble ; on l'emploie dans les composts pour décomposer les divers végétaux. On en doit fuir l'emploi dans les terres calcaires. J'en parlerai dans l'article de cet ouvrage qui traite de la composition et de l'amélioration des prairies naturelles, de la création des prairies artificielles pour lesquelles elle sert quelquefois.

## DU PLATRE EMPLOYÉ COMME ENGRAIS

Le plâtre, outre la qualité qu'il possède de contenir une matière qui entre dans la composition de la nourriture des végétaux, a aussi celle d'attirer l'humidité. Si l'on doit éviter de mettre de la chaux dans les terres calcaires, il y faut, au contraire, mettre du plâtre, car cette terre étant très-chaude et devenant très-sèche, on doit donc y semer du plâtre, attractif de l'humidité, qui dissolve les sels nutritifs contenus dans la terre, et, par là, améliore les plantes. Le plâtre ne doit pas être semé dans les confins d'où on l'extrait.

On peut encore utiliser le plâtre dans les écuries de chevaux, quand on veut avoir du fumier en quantité et surtout de bonne qualité : on sait que lé fumier doit être bien saturé d'urine et de fiente de chevaux avant d'être retiré de l'écurie. Or, quand il y a tant de fumier dans une écurie, qu'il s'en exhale une odeur ammoniacée qui s'élève et est très-funeste aux yeux des chevaux, on empêche cette vapeur de s'élever en répandant du plâtre sur le fumier ; la puissance attractive de l'humidité que possède le plâtre en est la cause. C'est surtout sur la partie de l'écurie d'où est enlevé le fumier et d'où s'exhale la plus forte odeur, qu'on répand le plâtre : je l'ai essayé et m'en suis bien trouvé. Ce que j'en dis là est fort simple, et je ne le dis que pour mémoire ; le plâtre en tout cas n'est pas perdu, il a toujours sa qualité intrinsèque comme engrais. J'appuie peu sur cette ressource, quoiqu'elle ait son avantage.

## SUBSISTANCE DE L'HOMME

Le Congrès et la Société Royale et Centrale d'Agriculture ont posé des questions à résoudre sur les moyens de subsistance de la classe agricole.

Des rapports ont été faits et ils contenaient un catalogue complet des denrées bonnes pour la subsistance. En cela, l'on a réussi, l'on a indiqué un grand nombre de choses bonnes à manger ; mais on n'a pas, pour les obtenir, démontré de meilleures

méthodes que la méthode ordinaire, de l'argent !
Dans tous les rapports, c'est le moyen d'obtention
qui toujours fait défaut.

On sait bien que, pour faire du pain, il faut du
blé ; mais comment faire pour ne pas manquer de
ce blé ? On n'ignore pas que les pommes de terre
sont un aliment précieux ; comment faire pour en
obtenir une belle récolte, et pour qu'elles ne se
pourrissent plus ? Et ceci est applicable à tout ce que
les divers rapporteurs ont proposé.

Il s'agissait de résoudre une question fondamentale pour l'amélioration de l'agriculture, de trouver
le moyen de faire de bonnes récoltes de blé, d'orge,
d'avoine, de foin, de fourrage, de pommes de terre,
de carottes, de navets, de haricots, de pois, de len-
tilles, de maïs, etc.; on a laissé la question principale de côté; on aurait dû chercher les moyens de
faire ces récoltes; on les a considérées comme faites
déjà, et déjà l'on proposait de faire bâtir des magasins pour les loger. Ainsi, le fils de l'empereur de
Maroc faisait forger des chaînes pour les prisonniers
français qu'il ferait.

Il y a eu des rapporteurs, des faiseurs de bro-
-chures, des orateurs qui ont osé dire : « La viande
est chère, c'est vrai; mais elle est malsaine. Les
pommes de terre sont rares et chères, mais elles

sont malsaines ; le malheur est moins grand. » Ne niez pas, lecteurs, ce n'est pas ici une plaisanterie ; ce que je dis là, je l'ai entendu, entendu de mes deux oreilles, et je ne suis pas le seul que de tels propos aient fait rire de pitié.

Que diront de ce langage les Anglais et les Allemands, qui mangent beaucoup plus de viande et de pommes de terre que nous, sans, pour cela, vivre moins longtemps ?

Oui, la viande est malsaine, si on la mange crue ou brûlée ; nous ne sommes pas des anthropophages. Oui, la pomme de terre n'est pas bonne, si elle n'est pas mangée en temps voulu. Demandez aux Anglais, aux Allemands, quand la pomme de terre est bonne, quand elle ne l'est plus. « Mangez la pomme de terre, vous répondront-ils, aussitôt qu'elle est cuite, sans lui laisser le quart d'heure de bienséance, autrement sa bonne qualité est perdue et perdue sans remède ; il n'y a d'autre ressource que d'en faire cuire d'autres. » Et la preuve ? elle est facile. Interrogez votre palais d'abord, il vous dira la vérité : vous en voulez une autre, en voici une évidente. Allez dans une distillerie de pommes de terre où l'on distille bien, dites au distillateur : « Votre tonneau à cuire les pommes de terre en contient huit hectolitres ; quand elles sont cuites comme elles le doivent être, faites-en moudre et pétrir la moitié, et mettez cette moitié dans deux vaisseaux de macération, nᵒˢ 1 et 2 ; une demi-heure après, faites moudre et pétrir la moitié qui reste, et faites macérer dans les vaisseaux nᵒˢ 3 et 4. »

Quand les matières macérées sont bonnes à distiller, si les nᵒˢ 1 et 2 donnent 20, c'est tout au plus si les nᵒˢ 3 et 4 donneront 10 ; encore faudra-t-il que tout ait bien marché.

D'où vient cette différence ? C'est que, si vous mangez vos pommes de terre cuites à point, elles sont farineuses, elles sont bonnes ; si elles passent le moment rigoureux, elles deviennent raides, coriaces et ont perdu leur qualité farineuse. Si vous profitez du moment où leur point voulu de cuisson est arrivé pour les moudre, pour les pétrir, c'est de la farine.

En résumé, usez-en à point : elles sont farineuses, douces, saines et favorables à l'estomac, si on les mange ; elles sont douces comme le miel, si on les met en macération pour être distillées. Leur laisse-t-on, au contraire, dépasser le moment fatal, elles sont raides, aigres à l'estomac ; elles sont raides encore et aigres et fournissent peu d'alcool à la distillation. Avis aux amateurs : là est tout le secret du métier, pour ce qui regarde du moins le

moment de les mettre en œuvre dans une distillerie.

Je ne parlerai pas des autres matières contenues
dans le catalogue de MM. les rapporteurs, chacun
sait la manière de les employer; mais je sentais le
besoin de parler des pommes de terre, parce que
j'ai entendu dire par les orateurs du Congrès et par
les auteurs des brochures distribuées au Congrès
que les Français ne connaissent pas bien le mérite
de la pomme de terre et ne savent pas la manger
bonne. Je les envoie dans la partie allemande de la
France, en Allemagne et ailleurs recevoir là-dessus
quelques leçons.

Quelle est la meilleure subsistance pour l'homme ?
Le bon pain, la bonne viande, la bonne eau, les
bons légumes, les bons fruits. Et vous rencontrerez
cela en Allemagne, plus qu'en France, en proportion de leur différent climat.

Quelle est la meilleure nourriture pour les animaux ? Du bon foin de prairies naturelles et artificielles, bien fané, rentré à propos, bien soigné; les
pommes de terre, carottes, navets, betteraves, rata-
bagats, topinambours, patates; tous les légumineux
en général; le vert, au printemps, pour les purger,
en passant de la saison froide à la saison tempérée;

les racines, à l'automne, pour passer de la saison tempérée à la saison froide.

Ceci est notamment applicable aux chevaux : le vert leur est fort salutaire au printemps pour les purger et les rafraîchir; et, à l'entrée de l'hiver, quand ils n'ont plus tant à travailler, ce sont les carottes, si stomachiques, qu'il leur faut. En leur donnant le foin le moins substantiel avec des carottes, vous les nourrissez bien, vous les maintenez en haleine. Joignez-y, de temps en temps, de la paille hachée, bien fraîche; ayant soin, si elle ne l'est pas assez, de la rebattre au fléau ou de la repasser à la mécanique pour en séparer la poussière, toujours nuisible. On leur donne de la paille, non pas seulement par économie, mais comme précaution hygiénique; car manger toujours du foin sans travailler tend à la pousse. On doit ménager l'avoine et l'orge moulue pour le moment des travaux.

Les bestiaux, comme les hommes, ont besoin, pour rester en bon état de santé, d'avoir continuellement une nourriture assez, mais non trop abondante, surtout une nourriture saine.

Les bestiaux à engrais doivent recevoir la plus substantielle, la plus succulente nourriture qu'il se peut faire, en suffisante quantité, jamais avec excès; prenant pour règle, de les rationner de telle sorte qu'ils ne laissent rien, qu'au contraire ils lèchent encore la mangeoire, et qu'ils quittent le repas avec un reste d'appétit pour prendre le repos.

Si l'on a préparé plus de nourriture qu'ils n'en peuvent manger, il en reste dans la mangeoire; ce reste se gâte, se mêle avec la nourriture des autres repas; l'animal alors s'en dégoûte et perd l'appétit.

Cette règle est applicable à tous les animaux en général, et je ne pense pas que personne songe à la blâmer.

## DES MESURES HYGIÉNIQUES

En général, on comprend peu le mérite des artistes vétérinaires dans les campagnes et dans les villes; on les considère tout simplement comme des guérisseurs de bestiaux, et voilà le mal. Si l'on voulait bien observer ce qui se passe partout, on verrait d'où vient ce mal.

Bien des gens disent : *bête malade, bête crevée*, surtout en parlant des porcs. Pourquoi? C'est qu'on ne fait attention aux bestiaux que lorsqu'ils cessent de manger, ce qui prouve évidemment une altération grave dans la santé. L'on ne va chercher l'artiste vétérinaire qu'après avoir fait soi-même l'essai de quelques remèdes domestiques qui quelquefois guérissent, qui souvent tuent l'animal.

Ce fait n'est pas à désavouer : tous agissent ainsi, tous éprouvent le même inconvénient. Quelle en est la cause? quel en est le remède?

La cause? c'est qu'il y a peu d'artistes vétérinaires capables et trop d'empiriques dans les campagnes ; or, il y a trop d'empiriques, parce que les artistes vétérinaires sont à de trop grandes distances ; parce qu'ayant trop peu de besogne pour gagner de quoi vivre honorablement, ils demandent pour leurs soins trop, eu égard à celui qui les emploie, bien que leur prix soit modéré eu égard au voyage qu'ils ont à faire et à l'usage qu'ils font de leurs connaissances.

Le remède? c'est de placer, par chaque canton en France, un artiste vétérinaire qui ait un traitement fixe, ou stipende fournie par le canton, stipende suffisante pour le mettre hors d'embarras, soit de 600 à 800 fr.; il arrondirait la somme au moyen des cures qu'il ferait, mais un tarif général réglerait ses honoraires. Cette stipende se payerait au moyen de centimes additionnels.

L'artiste aurait, tous les trois mois, à visiter toutes les écuries du canton, c'est-à-dire celles où il y aurait eu des sinistres, et, en tout autre temps, dès que le maire le requérerait pour un motif assez grave. On devrait néanmoins commencer par une visite générale de toutes les écuries, sans en excepter aucune, pour indiquer les vices qui pourraient exister et les moyens d'y parer.

En visitant chaque village tous les trois mois, le vétérinaire indiquerait les conditions hygiéniques pour la saison ; il signalerait les écuries malsaines, enseignerait les moyens de les corriger, ferait des rapports sur ses observations dans chaque localité, tous les trimestres ; et copie de ces rapports serait envoyée à l'autorité compétente.

On comprend que l'artiste, étant sur les lieux ou à peu de distance, aura peu d'honoraires à réclamer : ce qui fera qu'il sera continuellement occupé. Il gagnera beaucoup, et pourtant les habitants individuellement auront peu à payer. Chacun s'en trouvera bien.

Autre avis utile pour l'hygiène des bestiaux : chaque commune devrait avoir sur deux, trois ou quatre points de son territoire un terrain de 50 à 60 ares clos de haies et emplantés en arbres, pour y mettre les troupeaux à l'abri du soleil ou de la pluie. Il y aurait une fontaine abondante où non-seulement les bestiaux, mais même les ouvriers qui travaillent à la campagne pourraient s'abreuver et se reposer.

Là, se rendraient les bestiaux, ne fût-ce que pour boire et se promener, accompagnés du pâtre et de ses chiens, pour empêcher les dégâts de chaque côté du chemin.

Cette conduite à l'abreuvoir se ferait chaque jour par les soins des pâtres, que les bestiaux allassent ou non à la pâture. Nul habitant ne pourrait lui-même conduire ses bestiaux isolément; ce serait l'office des pâtres qui s'y rendraient l'un après l'autre. Cette promenade a pour but, non de les abreuver, on peut les abreuver au logis, mais de leur faire prendre l'air, et, pendant leur absence, d'aérer les étables et écuries. On conçoit que tant de bestiaux ne pourraient s'abreuver à la fois, que les auges ne seraient pas assez grandes; on les abreuverait donc au logis avant la promenade. On aurait pourtant une très-grande auge pour les grands bestiaux, une vaste mare pour que les porcs pussent s'y vautrer à l'aise.

Certes, ces promenades pour les animaux, ces absences qui permettent de renouveler l'air, seraient pour eux un puissant préservatif des grandes maladies. Au cas d'épizooties, on pourrait suspendre ces promenades; car, en ces moments, la réunion de tous les bestiaux pourrait n'être pas sans danger.

Autre recommandation utile : usez de la chaux vive dans les écuries de chevaux, vaches et porcs et dans les bergeries, en faisant fondre dans le lieu même la chaux vive, et blanchissez-en le tout, y compris les mangeoires, les râteliers, le pavé même. Prenez-vous-y de cette façon : après avoir parfaitement nettoyé l'écurie, l'avoir aérée et ressuyée aussi bien que possible, blanchissez tout comme on le ferait pour un appartement : il n'est pas besoin de choisir la chaux blanche ; toute chaux est bonne, pourvu qu'elle soit forte. Le but de cette mesure est d'absorber les miasmes putrides, délétères, par le renouvellement de l'air.

Tout ceci n'a pas besoin de commentaire, chacun le comprendra. J'ajouterai seulement que, pendant douze ans, j'en ai fait usage, renouvelant cette précaution chaque année, et que je m'en suis toujours félicité.

## DES SOINS A DONNER AU FUMIER POUR SA BONNE CONFECTION, POUR QU'IL AIT SA VRAIE QUALITÉ

Peu de personnes, surtout en France, connaissent le vrai mérite de l'engrais en général, et de ce que l'on nomme le *fumier* en particulier, c'est-à-dire la fiente et la litière qui sortent des écuries. Personne n'a voulu écrire sur cette partie de l'agriculture d'une manière positive; la chose pourtant est assez importante pour qu'on s'en occupe sérieusement.

Un petit nombre de cultivateurs s'entendent à le soigner convenablement; en Alsace, dans la Lorraine Allemande et dans le Nord, on lui donne des soins plus ou moins intelligents.

En général, on lui croit un vrai mérite en certaines places où il n'est pas ce qu'on l'imagine. Ainsi, on pense que sa présence dans un champ fournit aux récoltes leur principale nourriture; et ceux qui pensent ainsi sont, je crois, dans l'erreur.

Il est plus raisonnable de le regarder comme un stimulant, ainsi que la marne et la chaux dans les lieux où elles sont nécessaires, ainsi que le plâtre partout où il peut être utilisé.

Ces matières ne sont qu'un condiment, ou autrement un assaisonnement destiné à la terre pour l'aider dans ses fonctions de nourrice des végétaux; nous ajoutons de même les assaisonnements pour aider l'estomac à digérer les mets qu'il doit recevoir.

Beaucoup d'aliments excellents se consomment sans sauce, sans y rien mêler que du sel : c'est ce que nous nommons un mets au naturel. Ces aliments n'en valent que mieux; et, si l'on ajoute des sauces à d'autres, c'est afin de les rendre mangeables. Le laitage se mange le plus ordinairement sans assaisonnement, et n'en est que plus sain.

Il en est de même du bon sol, qui n'a pas besoin de secours, de stimulants pour produire de bonnes récoltes. Ces récoltes n'en ont que plus de mérite, elles n'en sont que plus saines et plus substantielles, parce qu'elles sont le produit pur de la nature. L'art se trompe, la nature ne se trompe jamais : elle a, si l'on veut, ses bizarreries, mais elle ne change pas.

Ce n'est que quand la terre est ruinée, qu'il faut lui appliquer les stimulants, les engrais. Quand le sol n'a pas de défoncement, n'a pas de profondeur, on ne peut pas alterner en prenant de temps en temps dans le sous-sol une terre reposée ; c'est toujours la même terre qui produit, qui se fatigue, qui s'épuise ; alors qu'arrive-t-il? Si l'on met dans le champ beaucoup d'engrais et que l'année soit humide, la récolte se renverse ; elle brûle et devient maigre, si l'année est sèche. Pour que l'année soit favorable à la récolte, il faudra donc qu'elle ne soit ni sèche ni humide.

Aussi remarque-t-on que les laboureurs qui ont l'habitude de cultiver profondément n'ont pas souvent leur blé renversé ou roulé ; en voici la raison :

donnant une culture plus profonde, il y a une plus
grande quantité de terre qui repose en dessous;
terre qui, revenue à la surface, a plus de force pour
nourrir la végétation; enfin, les tiges, acquérant une
plus grande solidité, peuvent mieux résister à la
pluie battante et au vent.

Si c'est à force de stimulants que la végétation
progresse, sa marche est trop précipitée; la plante
devient trop tendre, trop fragile, et, quand elle s'est
couchée une fois, elle n'a plus la force de se rele-
ver. Si, au contraire, c'est à la richesse naturelle du
sol que la beauté de la récolte est due, elle ne manque ni de force, ni de vigueur : elle peut lutter avec
les éléments, parce qu'un autre élément la soutient
elle-même, je veux dire la terre, qui est sa mère.

D'un autre côté, le fumier, parce qu'on n'en connaît pas le vrai mérite, est souvent employé comme
matière brute : on lui suppose un mérite qu'il n'a
pas, on l'utilise comme engrais, et il arrive qu'il ne
sert pas plus à la terre que s'il était de la terre lui-
même. Or, pour secourir un champ ruiné avec de la
terre, ce ne sont pas six voitures à quatre chevaux
qu'il faudrait; quatre cents voitures ne seraient pas
de trop.

Tout fumier qui n'a pas suffisamment fermenté

n'est que de la terre, le conduisît-on tout chaud des écuries aux champs.

Le fumier sorti de l'écurie pour être conduit au champ, ou le fumier qui n'a pas encore fermenté conduit au champ, ne peut plus fermenter en terre ou sur terre; ainsi, quand on le conduit en cet état dans les champs, ce n'est plus un stimulant, c'est de la terre qu'on y conduit en nature d'excrément, de fiente et de paille, qui plus tard devient terre véritable et aide un peu le sol, non pas à beaucoup près dans la proportion que l'on suppose, mais simplement par sa valeur de terre, par cette loi, par ce mouvement de la nature qui fait que tous les animaux, tous les végétaux qui étaient terre redeviennent terre.

Pour que le fumier devienne un stimulant en terre, il faut qu'il ait subi une préparation chimique qui se produit par la matière elle-même dans une certaine condition. Il change alors de nature; mais, pour cela, il faut provoquer cette préparation que l'on nomme fermentation, en concentrant toute sa force. On la concentre, en empêchant toute évaporation. Il est donc urgent de bien encaisser le fumier, de le bien couvrir, de le tenir suffisamment humide dans toutes ses parties, mais sans être placé dans l'eau; il s'échauffera alors, il fermentera, il deviendra onctueux, il acquerra toute sa qualité.

La nourriture de l'homme et des animaux subit le même travail dans l'estomac, avant d'en sortir; et, quand quelque chose y manque pour compléter ce travail, la digestion est laborieuse, devient quelquefois impossible : de là, les indigestions, les maladies... Ces mêmes matières sorties de l'animal après l'avoir nourri, ont une seconde opération à subir, mêlées ou non mêlées à d'autres matières, avant de pouvoir aider la terre à nourrir les plantes ou végétaux.

Pour que le fumier produise tout son effet comme stimulant, on ne le doit conduire dans les champs qu'au fur et à mesure qu'on le pourra répandre et enfouir aussitôt par une culture, puis herser au besoin pour fermer les pores et éviter toute évaporation.

On croit qu'il suffit d'appeler ces résidus fumier, de conduire ce fumier dans les champs, de l'y laisser en matière brute pendant un certain temps; on croit qu'on obtiendra le même effet quand il sera enfoui : on se trompe. Comme stimulant, sa meilleure matière s'évapore; comme matière brute, elle se dessèche, s'évapore et perd sa qualité.

On croit, je le répète, qu'il suffit que cette matière ait nom fumier, pour qu'elle produise son résultat : c'est une erreur grave dont deux exemples convaincront.

La poterie, les briques, les tuiles se font avec de la terre argileuse. On se dira : « J'ai dans mon champ de la terre argileuse, je vais lui donner la forme d'un vase de poterie, je le cuirai et j'obtiendrai ainsi ce qu'il me faut pour mon ménage. » Agissant en conséquence, on a de la poterie ; mais, veut-on l'utiliser, on reconnaît qu'elle n'est propre à rien. C'est donc la préparation de la terre, avant de lui donner la forme, qu'il faut connaître ; et, quand le vase sera façonné, il faudra encore savoir le cuire au point voulu. Le fumier est ainsi : il faut savoir le disposer pour provoquer sa fermentation ; est-elle faite, qu'on le laisse ainsi en empêchant toute évaporation. Si l'on veut l'utiliser de suite, il faut le conduire au champ, le répandre et l'enfouir aussitôt, pour empêcher son évaporation et lui conserver sa force et sa vigueur.

Autre exemple pour l'évaporation : Mettez du raisin dans un large vase, du vin dans un autre, de l'eau-de-vie dans un troisième : ces trois matières ont de la force, elles en contiennent. Laissez ces vases un certain temps sans les boucher et distillez les matières après leur avoir laissé le temps de s'évaporer : vous verrez ce que vous en retirerez d'al-

cool. Ce que vous obtiendrez se réduira presque à
zéro ; vous n'aurez plus dans les vases que la matière
brute éventée. Eh bien ! le fumier qui n'a pas fermenté, qui est conduit aux champs sans être aussitôt enfoui, demeurant à l'air assez longtemps pour
s'évaporer, n'est plus qu'une matière brute de peu
de valeur ; elle n'a plus que son poids en terre, contenant un peu de nourriture, mais point de stimulant.

Ainsi les fumiers, pour pouvoir conserver leur
vertu, ne doivent pas être exposés aux quatre vents ;
ils ne doivent pas être dans l'eau, mais à portée de
l'eau, pour pouvoir facilement les arroser, afin qu'il
ait de l'humidité dans toutes ses parties. Enfin, si l'on
ne sait faire les murs en fumier, ils doivent être encais-
sés dans un mur de pierre. Ces murs en fumiers sont
familiers aux Allemands et aux Alsaciens. Ils sortent
le fumier de l'écurie tout humecté d'urine, le rou-
lent au crochet de fumier au fur et à mesure et présentent le dos de ce rouleau à l'extérieur, ce qui
forme un mur de fumier, à travers lequel l'air ne
peut pénétrer. Lorsqu'on a fini de vider les écuries,
on piétine bien le dessus du fumier pour le tasser,
pour concentrer sa force ; on l'arrose de temps en
temps par un petit ruisseau que l'on entretient tout
autour ; on bat les flancs du fumier pour en durcir
les parois le plus possible. Enfin, par ces soins, le

fumier arrive à se trouver dans les conditions voulues pour avoir sa qualité.

Ce que je dis là, ne s'adresse pas aux cultivateurs, qui eux-mêmes emploient cette méthode et me l'ont apprise, mais au grand nombre de ceux qui l'ignorent.

Quant à la divergence d'opinion qui pourra se rencontrer sur le mérite du fumier, comme stimulant ou comme engrais, c'est autre chose ; je pourrai trouver plus d'incrédules : mais n'importe, j'ai fait connaître mon opinion et n'ai rien à y changer. C'est à l'expérience que je renvoie les contradicteurs ; quand, par le même moyen, s'ils le peuvent, ils me démontreront le contraire, je me tiens prêt à entendre et à soutenir la discussion. Je préviens seulement que je ne m'en rapporterai pas aux expériences faites, mais bien aux expériences à faire ; en observant ce que je viens d'enseigner, j'ai la ferme confiance que, si l'on fait les expériences des deux manières, et que l'on en rende compte avec sincérité et impartialité, le résultat sera le plus clair raisonnement en faveur de mon opinion.

## DU PURIN

Le *purin* ou urine des bestiaux est une des parties les plus précieuses comme engrais, qu'un trop grand nombre de cultivateurs et d'éleveurs négligent et laissent perdre d'un manière bien déplorable.

En effet, que fait-on? on le laisse échapper par un conduit de fuite pour aller se perdre dans la voie publique.

Il y a des cultivateurs dans les parties qui avoisinent l'Allemagne, dans le nord et à l'est de la France, qui le recueillent avec beaucoup d'intelligence; mais malheureusement, le nombre en est très-petit.

Pourquoi laisse-t-on fuir cet engrais? pour assainir les écuries; ceci est bien. Mais ne pourrait-on pas assainir les écuries par la fuite du purin, tout en le recueillant extérieurement dans un récipient?

Dans les grandes exploitations, on reçoit ces purins dans de grandes citernes extérieures; on pourrait faire en petit ce que l'on fait en grand.

Mais, avant de nous expliquer sur les moyens à prendre pour le recevoir, nous devons faire observer que le purin ne peut pas être employé indifféremment et sans intelligence. On ne doit pas croire que, parce que le purin est une matière qui

s'appelle engrais, cette matière est engrais tout bonnement parce qu'elle s'appelle purin : non; car, si
pour le fumier des écuries, il faut une certaine préparation comme condition essentielle de son mérite, il en est de même pour le purin ; et cette
condition, c'est de le mettre dans le cas de fermenter pour qu'il ait la qualité qu'on a le droit d'en attendre.

On ne doit pas croire que le purin sorti d'une
écurie en une assez grande quantité pour mériter
d'être conduit aux champs ou dans les prés, produira un très-bon effet, s'il n'a pas fermenté suffisamment; non, il n'aura qu'une très-mince valeur
brute. En effet, qu'est-il en lui-même? de l'eau saturée de matières fécondantes en plus ou moins
grande quantité; réduit à sa vraie substance de fertilité, il ne pourrait pas être répandu sur une bien
grande surface; au lieu que, mêlé avec l'eau con-
sommée par les animaux, sa substance sera plus ré-
pandue. Mais, pour qu'il produise un meilleur effet,
l'eau et la matière principale étant soumises par la
fermentation, elles feront mieux corps ensemble,
c'est-à-dire que l'eau sera mieux saturée, et que,
par là, la vraie substance sera partagée plus uni-
formément; ce qui évitera qu'une partie ait tout et
l'autre rien.

Ainsi, pour bien utiliser le purin, on doit, pour

chaque écurie, établir extérieurement deux citernes ou une citerne jumelle, mais d'une construction telle que la matière contenue dans l'une ne
puisse, si peu que ce soit, communiquer avec l'autre : ayant soin que ces conduits soient bien établis,
pour qu'on puisse diriger le purin dans l'un ou
dans l'autre. De ces soins, il résultera que, quand
une citerne sera pleine, on fera couler le purin dans
l'autre; pendant que cette dernière s'emplira, le
contenu de l'autre fermentera; quand le purin fermenté suffisamment aura été utilisé et que la citerne sera vide, on attendra que la seconde soit
pleine pour la soumettre à la fermentation, et ainsi
de suite.

Pour les petites écuries, on fera de même; mais
on pourra, au lieu de bâtir des citernes en pierres
et chaux, employer deux vieux tonneaux avec
deux ou quatre cercles de fer; ils pourront servir
longtemps.

L'emploi de ce purin se fait ainsi : Si l'on veut le
conduire dans les prés, c'est au printemps qu'il faudra
le faire, par un temps pluvieux, pour ne pas brûler
l'herbe, car cette matière est très-forte; et aussi pour
empêcher une trop grande évaporation, s'il faisait du
soleil ou un grand vent. Par un temps pluvieux, elle a
plus le temps de s'introduire en terre; ou bien encore,

on la conduit pendant l'année au milieu des champs,
en tâchant d'en avoir une suffisante quantité pour
engraisser un sillon, que l'on cultive et herse aussitôt, dans le but d'empêcher l'évaporation ; et, dans
ce cas, ce n'est pas comme dans les prés, il faut
conduire le purin par un temps sec pour ne pas pétrir la terre qui sera déjà assez mouillée par le purin. Afin d'en avoir assez pour engraisser un sillon,
on pourra y ajouter de l'eau avant de commencer à
le conduire, ayant soin de bien mélanger, pour que
la substance soit également partagée ; encore, sera-
t-il indispensable d'ajouter cette eau quelques jours
avant l'emploi, pour qu'elle ait le temps de se sa-
turer.

Nous n'indiquons pas les moyens de le conduire et
de le répandre, chacun fera comme il l'entendra ; seulement nous dirons, pour les cultivateurs adolescents,
que le moyen le plus facile, c'est de s'y prendre
comme on s'y prend dans les villes pour arroser les
promenades publiques, au moyen d'un tonneau
placé sur un véhicule quelconque ; faisant en
sorte que la matière se répande parfaitement sur
toute la surface.

Il y a encore un autre moyen d'employer le purin : quand on a des végétaux qui ne peuvent servir
pour litière, ou bien des matières contenant des se-

mences de mauvaises herbes, en les tassant bien en forme de fumier et en les arrosant de purin, on les sature de cette manière fécondante ; la force du purin et son humidité provoquent bientôt la fermentation, et, si le fumier a été tassé et soigné avec intelligence, la chaleur produite par la fermentation doit détruire les qualités germinatives de ces mauvaises semences. Par ce moyen, comme dans les autres fumiers, on n'ira plus soi-même infester la terre de semences de mauvaises herbes.

S'il n'y a plus à détruire que les mauvaises herbes contenues par la terre, les cultures intelligentes par un temps sec, pendant les années de jachères, en auront bientôt fait justice.

### BANQUE AGRICOLE

Au Congrès, quelques philanthropes, dans d'excellentes intentions sans doute, ont fait la proposition de créer des *banques agricoles*, dans la vue de procurer aux agriculteurs des fonds à un taux légal d'intérêt, banques qui seraient placées à leur portée, pour ne pas occasionner de déplacements.

Je le répète, cette idée est le fruit de bien bonnes intentions ; malheureusement, la création des banques amènerait le contraire de ce qu'on en attend.

Une personne qui veut se mettre au train de culture doit avoir des fonds suffisants pour l'établir complétement ; si elle ne les a pas par elle-même, elle les a réunis par le moyen de ses amis qui ont en elle toute confiance sous le rapport intellectuel et moral.

Entré dans son établissement, ce cultivateur n'a plus qu'à faire valoir son activité et son intelligence : une banque agricole ne lui peut servir à rien. S'il a cette activité, cette intelligence, il gagne de l'argent ; s'il lui arrive quelque accident indépendant de sa volonté, s'il a besoin de fonds à à l'instant, ses amis, ses connaissances lui en procureront, parce qu'ils ont confiance en lui.

En prenant son argent chez ses amis, chez ses parents, il a établi de fréquentes relations avec eux. On parle de l'exploitation ; on s'entretient du succès, de l'insuccès ; des conseils se donnent, on choisit le meilleur ; enfin, on est en télle position que, si l'on marchait dans une mauvaise voie, on trouverait toujours en ses amis et connaissances de sages indicateurs pour vous remettre dans le droit chemin.

Au contraire, si l'on va puiser des fonds à la banque agricole, d'après son crédit, on y puise toujours jusqu'à épuisement de crédit ; on n'a de compte à rendre à personne ; la banque n'a souci ni de votre réussite, ni de votre insuccès ; elle fournit des fonds jusqu'à extinction de crédit. Ici le cultivateur est aux abois. Dans le cas supposé précédemment, les amis et les parents n'ont pas le droit de vous faire rendre compte ; néanmoins, on leur doit ce compte toutes les fois qu'on leur vient demander de l'argent. Il faut bien justifier cette demande, soit par un malheur éprouvé, soit par l'extension à donner à l'industrie, une occasion avantageuse. Si cette demande n'est pas raisonnablement motivée, il y a donc eu mauvaise direction : les amis donnent de sages avis pour sortir de cette funeste route.

Je regarde donc une banque agricole comme une seconde maladie des pommes de terre, si ce n'est pis. L'argent de la banque s'écoule sans qu'on s'en inquiète : on l'a eu si facilement ! Le moyen le plus sûr, c'est d'en gagner soi-même par son industrie.

Le meilleur est donc de n'avoir pas de banque du tout, de ne pas faire de châteaux en Espagne, d'être son banquier soi-même.

L'ordre, l'activité, l'économie, voilà les concierges de la banque ; une comptabilité exacte et fidèlement suivie est indispensable pour se rendre bien compte à soi-même si, au bout de l'année, on a reculé ou avancé.

Amasser et soigner les engrais, améliorer les

prairies naturelles, créer de bonnes prairies artificielles, donner au sol de la propriété, comme base fondamentale, une bonne préparation, tout cela constitue le crédit de la banque.

La propreté dans les écuries, les conditions d'hygiène pour la santé des bestiaux, les soins attentifs donnés à la confection, à la conservation des fourrages, l'attention à rentrer les fourrages en temps convenable, la précaution de les bien loger, pour qu'ils ne s'avarient pas : voilà pour le personnel de la banque.

Enfin, préparer les denrées vendables, pour les rendre loyales et marchandes, faire soigner avec toute l'intelligence possible les bestiaux, les mettre en état d'être avantageusement présentés à un amateur, les engraisser par une bonne nourriture pour les pouvoir livrer à la boucherie, choisir le moment de la vente : voilà l'objet, le but du directeur et du trésorier de la banque.

Par ce moyen, on sera son banquier agricole soi-même : or, il est reconnu par le proverbe que rien n'est mieux fait que ce qu'on fait soi-même.

## DE LA RÉFORME ÉLECTORALE POUR L'ENVOI DES DÉPUTÉS
## A LA CHAMBRE
### OU PROJET D'ADJONCTION DES CAPACITÉS ET D'ABAISSEMENT DU CENS
### ET DE SON INTÉRÊT POUR L'AGRICULTURE.

Avant de changer une loi, une loi fondamentale surtout, il faut démontrer qu'elle n'est plus suffisante pour le bien de la nation; et, quand on l'a démontré, tout n'est pas fait encore : il s'agit de prouver que celle qu'on propose remplit les conditions qui manquent dans celle qu'on veut remplacer. Sans cela, mieux vaudrait s'en tenir à la première, à moins qu'on ne veuille tomber dans le chaos.

En lisant et relisant les journaux les plus sérieux et les plus compétents en matière de réforme électorale, je remarque qu'on réclame deux choses : l'adjonction de certaines capacités, l'abaissement du taux fixé pour le cens électoral.

Or, d'un côté, je ne vois pas sur quoi serait fondé le droit, ou, pour mieux dire, le privilége que l'on réclame en faveur de certaines séries de capacités, privilége de faire partie du collége électoral, ni pour quel motif on abaisserait le taux du cens fixé. Et, d'un autre côté, je ne comprends pas comment,

pour repousser cette exigence, on n'a rien autre
chose à répondre que cela ne convient pas, que le
temps n'est pas opportun; comme si les motifs
sérieux manquaient.

Chacun, là-dessus, a le droit de formuler son opinion, et c'est ce droit que j'invoque pour faire connaître la mienne, qui en est une comme une autre.

La prétention d'adjoindre certainse séries de capacités est-elle fondée ou non? est-elle ou n'est-elle
pas dans l'intérêt général de la nation ? l'abaissement du taux du cens électoral est-il dans l'intérêt
du pays ou ne l'est-il pas? enfin, l'ensemble du
projet de loi présenté à la Chambre des Députés durant cette session, par l'honorable M. Duvergier de
Hauranne est-il dans l'intérêt général des Français,
ou non? Voilà la question.

Dussé-je être seul de mon sentiment, je répondrai, pour une partie du moins, non, non. Comme
cette loi est proposée, elle n'est pas dans l'intérêt
général; elle compromet, au contraire, celui des
campagnes, c'est dire celui de l'agriculture, et ce
n'est pas un petit intérêt que celui-là.

Au moins, telle qu'elle est, l'ancienne loi est juste;
elle pourrait être meilleure, il est vrai.

Qui peut faire partie du collége électoral? tout citoyen français qui jouit de ses droits civils. Or, tout citoyen, dans cette condition, n'a-t-il pas le droit d'acquérir des propriétés? Cela ne fait pas de doute. En acquérant des propriétés, le cens assis sur ces propriétés lui procure le titre d'électeur : de quoi donc peut-il se plaindre?

Tout citoyen français est libre, s'il veut bien employer son temps d'acquérir des connaissances en tout genre; il peut se livrer à l'étude, au commerce, à l'industrie en général, à quelque occupation que ce soit. S'il le fait avec jugement, avec application, il y acquiert du talent, il réussit dans ses entreprises, il se fait une fortune, peut acquérir des propriétés et devenir électeur. De quoi donc peut-on se plaindre?

Les capacités ne sont-elles pas dans le même cas? Les avocats, les médecins, les savants, tous ceux qu'on veut adjoindre enfin, ont du mérite ou n'en ont pas : s'ils en ont, ils peuvent s'attirer la confiance du public, gagner de l'argent, acquérir des propriétés, payer le cens et devenir électeur : peuvent-ils se plaindre? Si, au contraire, ils manquent de mérite, c'est qu'ils manquent de capacité : et pourquoi seraient-ils électeurs? Est-ce parce qu'il a plu d'attacher à l'exercice de leur profession le nom de capacité?

Or, ces capacités disent : « Il y a injustice en ce que celui-ci, qui est riche, est électeur de naissance : pourquoi les capacités, une fois déclarées telles, ne deviendraient-elles pas électeurs? » Est-ce donc une injustice de naître riche? Ne sait-on pas que tel qui est né riche peut mourir pauvre? que le pauvre d'hier sera le riche du lendemain? Cette révolution est la conséquence d'un bon ou d'un mauvais jugement.

Rien de plus juste que la loi électorale soit basée sur l'impôt foncier, comme la garantie la plus sûre de l'ordre social.

La guerre menace : la Chambre des Députés est appelée à voter des fonds pour entreprendre et la soutenir. En ce moment même, les élections ont lieu, et les capacités y sont adjointes. Qu'arrive-t-il? Ces capacités n'ont pas de propriétés : sentiront-elles bien la nécessité de ne pas élire pour député un homme fougueux, à la tête légère, qui ne serait pas apte à peser mûrement les conséquences de cette guerre? Elles n'ont rien à perdre. Bien plus, elles ont l'espoir d'y gagner : elles profiteront de la première occasion favorable à leur ambition.

Survient-il des troubles intérieurs, émeute, insurrection, désordre quelconque enfin? Qu'importe à celui qui n'a rien que la discorde perde le crédit et paralyse le commerce? Il n'a rien à perdre, il a l'espoir d'y gagner.

Le propriétaire, au contraire, a l'instinct de conservation de sa propriété : en cette circonstance, il élira député un homme sage, prudent, calme pour juger de la situation, pour rétablir l'ordre, la paix et l'union.

Que serait donc une loi nouvelle qui admettrait au collége électoral les capacités, parce qu'elles sont des capacités? Ridicule, et cela est évident. Je reviens à mon dilemme : ou ces hommes, que vous voulez adjoindre, sont capables, ou ils ne le sont pas. S'ils sont capables, leur mérite va percer, leur chemin va se tracer, leur fortune va se faire; ils n'auront bientôt plus besoin de votre loi pour être électeurs. Sont-ils incapables? Vous ne voulez pas, je pense, par votre loi, établir pour juges souverains de la représentation nationale des hommes incapables.

Voilà pour la première partie de mon raisonnement négatif; abordons la seconde.

On réclame le droit d'élection pour certaines séries de capacités : pourquoi ne pas le réclamer pour toutes les capacités sans exception? Si on le réclame pour celles-ci en particulier, c'est qu'on suppose qu'elles peuvent rendre service à la société par l'exercice de leur capacité; mais, si c'est là le motif qui les fait adjoindre, d'autres aussi peuvent rendre ce service à la société. Alors, avec les avocats, les médecins, les notaires, les avoués, les savants, etc., admettez aussi fonctionnaires publics, officiers de l'armée de terre et de mer, membres du clergé, chefs d'établissements dans les arts et métiers, dans le commerce, dans l'agriculture; adjoignez quiconque fait preuve de capacité; tous, par leur mérite, ont gagné une certaine confiance qui leur a fait confier les fonctions qu'ils remplissent, tous rendent service à la patrie, tous doivent être appelés à exercer le même droit d'élection.

Mais peut-on sans exception toute capacité dans toute partie? la justice qu'on recherche ne serait pas trouvée; l'équilibre ne serait pas établi entre les villes et les campagnes; et ce serait l'agriculture qui serait victime.

On dit toujours : *les absents ont tort.* Ce proverbe va servir de base à mon raisonnement. Les réunions générales d'intérêt public se font dans les villes. Or, qui assiste à ces réunions? Les gens de la ville, qui y assistent peu ou point; les gens de la campagne, s'ils n'y assistent pas, sont absents ; dès lors, ils ont tort.

Si l'on admet aux élections les capacités, les trois quarts des électeurs seront de la ville, tous seront présents, parce qu'il n'y a pour eux ni frais ni déplacement. La moitié de ce quart qui reste et qui représente la campagne, n'assistant pas aux élections, le huitième seulement des électeurs représentera la campagne, bien que les habitants de la campagne possèdent les deux tiers des propriétés rurales.

Si les élections se font comme l'entendent les gens de la ville, ils ne penseront qu'à eux et laisseront crier les campagnards. Dès lors, adieu la protection due à l'agriculture, à cette bonne mère des habitants des villes comme de ceux de la campagne.

Dans une ville possédant une faculté de droit ou de médecine, jouissant de colléges, d'écoles de tout genre, de bibliothèques, etc. ; les habitants, depuis l'enfance jusqu'à ce qu'ils se jugent suffisamment instruits, peuvent acquérir sans frais des connaissances sous les yeux de leurs parents, sans autre condition que celle de la bonne volonté. Tout jeune homme peut donc devenir capacité : quel nombre de capacités s'y peut former !

Mais, à la campagne, quelles capacités obtenir?
Quand il a enseigné à ses écoliers le cathéchisme, à
lire, à écrire un peu, tout au plus à pratiquer les
quatre règles, l'instituteur a fait tout ce qui lui
était permis de faire pour le développement des capacités de sa commune. Il y aura bien, çà et là, quelque fils de famille aisée qu'on enverra à grands
frais au collége; voilà tout pour établir l'équilibre
avec la ville.

Lorsqu'une commune rurale demande au Gouvernement un secours de 1,000 francs pour l'aider à
bâtir une maison d'école, au bout de quelques années, on lui accordera peut-être 500 francs, si la
demande a été appuyée. Les villes obtiennent ce
qu'elles veulent; encore se plaignent-elles.

J'ai dit que la moitié des électeurs ruraux ne seraient pas présents aux élections, si l'on abaissait le
cens et si l'on admettait les capacités, et cela, à
cause du déplacement. Un électeur au taux de 200
francs y regarderait à deux fois avant de faire la
dépense d'un voyage pour se rendre aux élections;
les électeurs au cens de 200 à 100 francs n'iront
pas du tout. Au contraire, les électeurs urbains n'y
manqueront jamais, n'ayant pas à se déplacer ou
ayant des moyens de transport faciles et moins dispendieux.

Je conclus donc qu'en abaissant le taux du cens, on détruit le peu d'équilibre qui restait encore entre les villes et les campagnes ; et que, si l'on admet les capacités, on tue l'agriculture. En tout état de choses, on fera donc mieux de laisser la loi telle qu'elle est.

Mais voudrait-on changer la loi, tient-on absolument à abaisser le taux du cens électoral, à adjoindre les capacités, on pourrait le faire sans léser les intérêts de la campagne, abaissât-on même le cens à 20 francs. On le pourrait en changeant le mode d'élection ; en établissant trois degrés : élection dans chaque commune, au chef-lieu de canton, enfin au chef-lieu du département.

Comme dans la première loi, on nommerait un député par arrondissement, sans pour cela que l'un dépendit plus d'un arrondissement que d'un autre : seulement, l'arrondissement fournirait ses candidats, et le député élu serait pris ou dans l'arrondissement ou à l'extérieur, au choix.

Les députés de chaque département, tout en soignant les intérêts du département dans toutes les branches de l'administration, se partageraient les spécialités ; c'est-à-dire que chacun d'eux prendrait pour mission de défendre les intérêts de tous dans la partie de l'administration dans laquelle il est le plus versé. Par exemple, l'un s'occuperait de l'administration judiciaire et des cultes; l'autre, de la guerre et de la marine; celui-ci, de l'administration civile et des travaux publics; celui-là, du commerce; un autre encore de l'agriculture, etc.

Un député, chargé de telle ou telle mission, puiserait ses renseignements dans la localité, et soutiendrait à Paris, dans la chambre et au ministère, les intérêts de qui de droit, en homme qui a étudié la question, tout en se faisant appuyer par ses collègues du même département.

Le roi, par une ordonnance, fixerait les jours des trois élections communales, cantonnales, départementales.

Chaque commune voterait dix délégués plus ou moins pour la représenter au chef-lieu de canton.

Chaque canton, par ses délégués communaux, nommerait cinquante délégués plus ou moins pour le représenter au chef-lieu de département.

Dans chaque chef-lieu de département, on élirait un député pour chaque arrondissement.

Séance tenante, on nommerait des commissaires

parmi tous les délégués au chef-lieu, chargés d'attribuer les différentes missions à chacun des députés. Par ce moyen, le député étudierait plus directement les questions de sa spécialité ; il pourrait soutenir, avec plus de connaissance de cause, les intérêts des localités diverses.

Par une loi semblable, toutes les portions de la France seraient représentées et les intérêts de tous également soutenus.

## DE L'ENSEIGNEMENT DANS LES CAMPAGNES POUR LE PROGRÈS DE L'AGRICULTURE.

Établir dans une grande ville une université, un institut, des écoles de droit et de médecine, des colléges, chercher enfin, par tous les moyens, à propager l'instruction et à rendre accessibles les hautes sciences, ça été ce que l'on pouvait faire de mieux. Mais qui en profite le plus? Les habitants des villes. Qui en profite le moins, malgré la liberté instituée pour tous ? Les habitants de la campagne. Pourquoi? parce que les gens de la ville étant sur les lieux, tiennent leurs enfants sous leur surveillance, les dirigent, leur procurent à peu de frais l'instruction nécessaire pour devenir des hommes distingués en tout genre. Presque le contraire arrive aux habitants de la campagne.

Le seul avantage qui reste à ces derniers, c'est l'industrie agricole. Encore la néglige-t-on ; on oublie la protection qui lui est due : elle est pourtant la base fondamentale de la prospérité du pays. A quoi servirait toute science sans le bien-être ? Tous, savants et fonctionnaires, seraient plongés dans la même misère.

On fait donc tout pour la ville, rien pour la campagne. Pour la satisfaction des habitants de la ville, on dépense des millions pour traîner, à grand renfort de machines, un obélisque de l'Égypte jusqu'à Paris; on fouille dans les ruines de Ninive pour faire une collection de quelques blocs de pierre, tristes restes d'une ancienne cité. Quel avantage ! Que dirions-nous des Ninivites si, revenant en ce monde et entendant raconter les merveilles de la nouvelle capitale du monde, ils envoyaient à grands frais ramasser les pavés que le Parisien a foulés ? Loin de moi de blâmer l'acquisition d'objets qui sont d'une utilité démontrée pour la science; mais qu'on attende, pour faire de semblables dépenses, que tout abonde, que tous les besoins soient satisfaits, que l'on ait de l'argent de reste.

Quoi ! prodiguer ainsi des millions, quand on refuse à une commune rurale quelques mille francs qui lui manquent pour arriver à posséder une école primaire, pour faire l'achat de tout ce que demande cet établissement ! C'est se montrer bien peu soucieux du progrès de l'instruction en France.

Comment sont établies les écoles de la campagne? comment les surveille-t-on? On admet un instituteur, une institutrice ordinairement médiocres. On constate que l'école existe, et tout est fait. Tout est fait : oui, sur le papier; à peu près comme est établie la garde nationale de la campagne.

Les comités locaux d'instruction primaire vont tous les mois ou ne vont pas visiter ces écoles; le comité supérieur donne de loin en loin quelques signes de vie; les inspecteurs du canton viennent inspecter les écoles ou s'en dispensent. Seulement, les inspecteurs spéciaux, nommés par le Gouvernement, arrivent chaque année pour faire la visite de l'école; ils passent une revue d'une demi-heure, font viser leur feuille par le maire et vont plus loin. Acte de présence a été fait, la tournée d'inspection est terminée, toujours parce que le papier la constate. Mais, s'il fallait expliquer l'effet que cette visite a produit, quelle pauvre note à inscrire sur la feuille de route de ces messieurs, à la colonne des observations!

Bref, l'instruction primaire à la campagne est de nul résultat, et elle restera telle, tant qu'on n'y portera pas un remède efficace.

Les maîtres et les inspecteurs eux-mêmes, pour se justifier, disent : « Les parents n'envoient pas à l'école leurs enfants. — Nous n'envoyons plus nos enfants à l'école, répliquent les parents, parce qu'ils n'y apprenaient rien, parce que l'instituteur étant souvent absent, les enfants, livrés à eux-mêmes, perdaient leur temps et devenaient joueurs et polissons ; chez nous, du moins, ils travaillent et restent sous nos yeux. » Les inspecteurs ferment les yeux sur tout cela, l'abus subsiste : les enfants grandissent et restent sans instruction ; ils ne savent ni lire ni écrire, ne déchiffrent pas même l'adresse d'une lettre, et ne sont pas capables d'être seulement domestiques à la ville. Vient l'âge de la conscription : ils sont soldats et n'ont à espérer aucun avancement ; ils ne peuvent ni lire les lettres que leur envoient leurs parents, ni y faire réponse ; ils sont obligés de recourir à des écrivains publics, c'est une dépense ; à leurs camarades, c'est un service qui se paye par la goutte, par la bouteille ; conséquence : oubli du service et punition. Je ne parle pas de l'inconvénient d'initier un étranger à des secrets de famille.

Pour l'instruction primaire, la loi est là, elle est faite ; il ne s'agit que de la faire observer, d'être plus sévère pour la délivrance des brevets de capacité et des certificats de bonne- conduite, d'exiger plus de surveillance des comités et des inspecteurs.

Je reviens à mon dire : tout est imaginé pour le bien-être des villes, je dirai même pour ses plaisirs, et l'on refuse aux campagnes le nécessaire.

Cependant les campagnes payent leur quote-part et contribuent aussi aux agréments de la ville ; et les habitants en sont traités en vrais parias.

Cependant ces campagnards sont des hommes comme ceux de la ville ; ce sont eux qui nourrissent, ce sont eux, presque seuls, qui défendent la patrie ; en un mot, ils donnent la vie et la soutiennent.

Cependant ils n'ont pas grande exigence; ils ne demandent que le plus strict nécessaire ; ils ne demandent qu'à acquérir ces premiers éléments indispensables pour remplir bien la mission qui leur est dévolue, l'agriculture ; j'entends la bonne agriculture, l'agriculture protégée, soutenue au point de se pouvoir améliorer. Or, cette amélioration est urgente, puisque la France ne suffit plus à nourrir ses habitants.

Pour arriver plus sûrement à l'amélioration de l'agriculture en France, il faut faire comme en Allemagne, il faut apprendre l'agriculture dès le berceau ; il faut que, dans les écoles primaires, l'agriculture soit enseignée par principe. On devra commencer par un catéchisme agricole, dans le genre de celui que nous devons à M. Moll, professeur au Conservatoire des arts et métiers, à Paris, par un rudiment dû à des hommes théoriques et pratiques ; quand les écoliers seront plus avancés, on mettra entre leurs mains un ouvrage d'une plus haute portée ; enfin, on leur donnera à étudier un traité sur ce qui peut intéresser toutes les cultures en général. Trois ouvrages leur suffiront, si les matières y sont savamment et convenablement graduées d'après leurs forces.

On établira enfin un cours d'enseignement théorique pour les hautes connaissances agricoles, où les employés du ministère, où les chefs de divers établissements d'agriculture, où les personnes qui voudront arriver au professorat de cette branche intéressante de la science, ou à des places spécialement destinées aux hommes experts en cette partie, iront nécessairement puiser ce qu'il faut pour remplir dignement leur noble mission. On ne pourrait être admis à suivre ce cours qu'après en avoir suivi un autre d'application dans un établissement tel que celui de Grignon, par exemple ; ce cours même d'application, l'on ne pourrait le suivre sans un examen préalable sur les premiers éléments de l'agriculture,

15

étudiés dans les trois ouvrages proposés plus haut.

Pour revenir aux écoles communales, les enfants de la campagne apprenant, dès leur jeune âge, la théorie de l'agriculture, feront sur les lieux mêmes leur cours d'agriculture ; ils auront là, à portée, les champs, les prés et les instruments aratoires. L'enfance est curieuse ; en étudiant l'agriculture, l'enfant questionnera ses parents, ses voisins ; ceux-ci le piqueront, le choqueront peut-être ; la discussion s'élèvera, et de la discussion naît la lumière. Les vieux se mettront au courant de la théorie, les jeunes au courant de la pratique. Ainsi, l'enfant de la campagne, suivant une bonne école primaire, ne restera pas en arrière pour l'aptitude pratique et théorique : dédommagement des connaissances plus élevées qu'il lui sera interdit d'acquérir.

Chacun des trois ouvrages que j'indique devra contenir un tableau de tous les instruments aratoires, indiquant par son nom chaque morceau composant l'instrument. Tel objet, par ce moyen, sera appelé de la même dénomination par toute la France; de là, plus de facilité pour l'étude. Il en sera de même des plantes, en général, cultivées sur le sol français ; tout objet nommé dans les trois ouvrages devra être représenté.

Ne devrait-on pas faire aussi étudier à la campagne la *tenue des livres*. Il y a aujourd'hui des méthodes de comptabilité si faciles. Les livres sont indispensables à qui est à la tête d'un train de culture. Il faut, d'ailleurs, qu'on puisse recevoir à l'école des campagnes, les notions nécessaires pour occuper un emploi ordinaire, et arriver aux grades de l'armée.

Ajoutons que, pendant les récréations, il serait utile de faire faire quelques exercices de gymnastique. On engagerait les écoliers à lutter à la course, en fixant un but à atteindre en un certain nombre de minutes. Au bout de l'année, le jour de la fête patronale, on ferait une distribution de prix.

Mais, pour arriver à avoir de bonnes écoles de campagne, il faut faire plus qu'on ne fait. Comme le premier point est d'avoir de bons instituteurs, afin d'en obtenir, on doit leur assurer un meilleur traitement, un traitement avec lequel ils puissent vivre honorablement, sans être obligés, pour compléter leur nécessaire, de chercher à faire quelque gain entre les écoles et les jours de congé.

On comprend que, si la récréation est nécessaire à l'enfant au sortir de l'école, s'il lui faut des jours de congé, l'instituteur en a besoin aussi pour se reposer. Si, au contraire, il travaille pour gagner de quoi soutenir sa vie, il se fatigue outre mesure, il est de mauvaise humeur, gronde par caprice les enfants qui se dégoûtent et perdent courage aux dépens de l'instruction.

De plus, l'instituteur a besoin de l'autorité locale et de toutes les autorités compétentes. Voyez l'écolier : s'il a fait quelque action, bonne ou mauvaise, il regarde autour de lui attendant l'éloge ou redoutant le blâme ; laissez-le dans l'isolement, il deviendra indifférent. L'instituteur fait de même : s'il a bien fait, il n'est pas insensible à la louange ; s'il fait mal, il craint le reproche. De plus, il a besoin de voir son autorité soutenue par l'appui d'une autorité supérieure. D'après cela, c'est par de fréquentes visites de ces autorités dans les écoles qu'on arrivera au progrès de l'instruction.

Puisque nous en sommes sur les améliorations des écoles de la campagne, parlons un peu de ces mauvaises habitudes qui se perpétuent d'une manière occulte et fatale dans les parties allemandes de la France, notamment dans la Lorraine allemande. Les habitants parlent mal l'allemand et ne savent point le français : que dira un Allemand, ou un étranger instruit, d'un Français qui ne saura pas se faire entendre dans sa langue nationale ?

Si, en visitant les écoles, on demande compte à l'instituteur du peu de progrès que font ses écoliers dans la langue française, il répond : « C'est M. le curé qui le veut ainsi. » On demandera au maire, au comité local, pourquoi l'on ne tient pas la main à ce que les enfants n'apprennent que le français, ils seront longtemps à répondre, mais enfin l'un ou l'autre répondra : « Nous ne voulons pas nous brouiller avec M. le curé; il veut que l'instruction religieuse se fasse en allemand; cela retarde les enfants dans leur instruction. L'instituteur s'en plaint; mais, ne voulant pas se mettre mal avec M. le curé, il est obligé de se soumettre à sa volonté. Nous n'osons pas le blâmer, mais nous ne pouvons l'approuver, et qu'en résulte-t-il? c'est que, quand les enfants ont fait leur première communion, ils ne vont plus à l'école et ne savent rien autre chose que leur catéchisme allemand, et point de français. »

Que conclure? Raisonnons d'abord : ces localités sont allemandes ou elles sont françaises; si elles sont allemandes, elles devraient se régir d'après les lois de l'Allemagne, et s'adresser à leur gouvernement pour obtenir ce dont elles ont besoin; et, comme ce gouvernement, pour ces localités, est à l'état de néant, tout ce qu'elles pourront faire sera néant. Si, au contraire, elles dépendent de la nation et du gouvernement français, elles en doivent suivre la langue, les habitudes et les lois. Or, ces localités étant reconnues françaises, il doit en résulter que les enfants doivent tous, en entrant à l'école dès l'âge de sept ans, n'y parler que français, n'y apprendre que le français, n'y étudier leurs devoirs religieux qu'en français; n'y apprenant que le français, ne parlant chez leurs parents allemands que l'allemand, ils parleront bien le français et sauront cependant l'allemand.

Il est plus simple que M. le curé seul se gêne un peu, que de nuire à toute une commune; il prêchera en français pour les jeunes, et en allemand pour les vieux, alternativement; il confessera les jeunes en français et les vieux en allemand; de cette manière, dans la suite des temps, tous sauront le français; cela n'empêchera pas de prendre des leçons de langue allemande, si on veut.

De cette manière, les jeunes gens, sachant lire, écrire et parler français, seront plus aptes à arriver aux hautes classes; car ils connaîtront les lois françaises; on ne sera plus en peine d'y trouver un homme capable d'être maire, adjoint; les autorités ne seront plus si embarrassées de faire un choix pour les autorités locales. Quand les enfants absents écriront à leurs parents, ces derniers pourront leur répondre. En somme, tout sera dans son état normal. Cela serait-il donc d'une exécution si difficile?

Mais tout cela est insuffisant encore, il faut un autre stimulant; c'est l'amour-propre des parents qu'il s'agit de chatouiller. Il est besoin de prix, de couronnes à distribuer à la fin de l'année scolaire. C'est là ce qui produira un merveilleux effet dans les écoles de campagne; c'est là ce qui mettra le dernier cachet à l'encouragement, à la détermination du progrès de l'instruction.

Dans quelques communes, on en fait le simulacre. Mais quelle parodie d'une véritable distribution !

Pour que tout se passe comme il faut, la distribution doit se faire en un lieu assez vaste pour contenir tous les habitants, le berger même; nul ne doit être absent. Et, comme à la campagne, cet emplacement manquerait, on tiendrait cette belle séance à l'église. La cérémonie demande du silence et de la pompe; le lieu où l'on n'entre qu'avec respect et recueillement n'en sera que mieux choisi. Si quelques membres du clergé venaient à le trouver mauvais, je les prierais de considérer que ce que Dieu veut avant tout, c'est le bien. Or, de telles réunions dans son temple ne sont faites que pour conduire au bien; par cela même elles lui doivent être agréables. Toute autre considération doit être écartée, et, si ces assemblées dans la maison divine ont amené le bien, l'on y reviendra sans doute pour en remercier l'auteur.

L'ouverture se ferait par trois discours : le premier prononcé par le maire au nom du Gouvernement, traitant de la protection naturellement acquise
aux jeunes gens par l'instruction, pour arriver
aux emplois, grades et honneurs ; le second, par le
pasteur, des avantages de l'instruction au point de
vue religieux ; le troisième, par l'instituteur, des
agréments de l'instruction au point de vue de la société.

Là, les habitants étant tous présents, pauvres et
riches, devront voir que c'est l'application et la
bonne conduite qui gagnent les couronnes. Là, toutes les fois qu'un enfant se lèvera pour recevoir le
prix de son travail, partageant l'attendrissement de
ses parents, on éprouvera une douce, une vive émotion, peut-être laissera-t-on couler quelques larmes.

Durant l'année, le dimanche, chaque jour, si l'on
rencontre un de ces enfants dignement récompen-
sés, on lui fera éloge ; si l'on en voit quelque autre,
en lui demandant seulement la récompense qu'il a
obtenue, on lui fera baisser la tête ; puis on l'en-
couragera à se faire couronner l'année suivante.

Les parents des lauréats les animeront à de nouveaux triomphes ; les autres aiguillonneront leurs
enfants à les atteindre.

Si, dans le nombre, se trouvent des parents peu

soucieux de l'instruction de leurs enfants, il est impossible qu'ils restent ainsi. Chez leurs voisins, chez leurs amis, ils auront à subir quelque sourire railleur, quelque plaisanterie piquante, qui stimulent plus activement que les reproches. Tous les habitants, en effet, se seront trouvés là réunis, tous auront vu et vu de leurs yeux ; l'émotion qu'on aura éprouvée ne s'effacera pas si promptement qu'on pourrait croire. A la campagne, de semblables cérémonies sont rares ; elles laisseraient donc des traces, on verrait arriver avec plaisir, avec joie la distribution suivante. Cela se conçoit, puisque c'est un acheminement au bien-être général.

### INVENTION
#### BIEN FAVORABLE A TOUTES LES PROFESSIONS INDUSTRIELLES
#### NOTAMMENT A L'AGRICULTURE
#### NÉGLIGÉE POUR NE PAS DIRE ÉCRASÉE DANS SA NAISSANCE
#### D'UNE MANIÈRE IMPARDONNABLE
#### QU'IL EST BON DE FAIRE CONNAITRE AU PUBLIC.

Le Gouvernement est peu porté à encourager les arts et métiers, non-seulement par d'ostensibles démonstrations, mais encore et surtout par la bourse de l'État. Or, c'est là le principal ; car un inventeur qui a fait ordinairement des sacrifices, mériterait une indemnité ; je ne dis pas en toutes circonstances, mais lorsque du moins ses découvertes doivent profiter à la masse des habitants en produisant l'économie sur les choses de première nécessité.

D'un autre côté, le public si disposé à critiquer sur ce point le Gouvernement, qui sait lui-même imaginer toutes sortes de moyens de gagner de l'argent, qui a créé, par exemple, les assurances contre tant de chances différentes, pourquoi, dis-je, ce public n'a-t-il pas fondé une société pour exploiter les inventions elles-mêmes?

L'inventeur qui ne pourrait ou ne voudrait exploiter sa découverte lui-même, s'associerait alors à cette institution : il fournirait son invention ; la société avancerait les fonds pour l'exploitation de l'idée. Cette société aurait son conseil d'administration, qui d'abord ferait examiner l'objet en question par des hommes spéciaux et capables, qui, s'il y avait lieu, feraient des essais en petit d'abord, puis en grand.

Certes, ce serait là une belle et bonne institution, et sous le rapport moral, et sous le rapport du lucre.

Or, j'avance ceci à propos d'une invention d'un nouveau moteur dont je veux parler : l'inventeur, faute d'argent, ne peut exploiter ce qu'il a décou-

vert, dont l'application à tout ce qui est susceptible de la recevoir nécessiterait une trop forte mise
de fonds.

Le moteur, lui-même, n'est pas une invention;
l'idée en est aussi vieille que le temps; c'est la force
de *traction* qui vient d'y être ajoutée qui constitue
l'invention, qui doit produire un avantage, une
économie immense; invention d'une remarquable
simplicité, d'une application facile, à la portée du
pauvre comme à celle du riche. Je dis du pauvre, ce
n'est peut-être pas le mot, mais du simple ouvrier
dont le travail manuel peut être appliqué à la mécanique.

Cette découverte est si naïve que je n'ose l'indiquer; je redoute le rire et la moquerie. Il faut cependant que je m'explique. C'est... oui, c'est la
roue du cloutier, tout simplement, à laquelle est
ajoutée la force de traction; au lieu donc de fonctionner par le seul mouvement et par le poids de l'a-
nimal comme unique levier, l'animal est attelé dans
la roue, et, par le tirage, il obtient une force in-
croyable, au point que je ne pense pas qu'un fort
cheval tirant un véhicule ordinaire, égale en puissance un chien d'arrêt de force ordinaire attelé dans
la roue et dressé au manége.

J'ai vu l'application de ce moteur, par une roue

placée au centre d'un char-à-banc assez lourd et à quatre roues : le chien placé et attelé dans la roue faisait avancer cette voiture avec une facilité et une vitesse incroyables.

Or, l'inventeur en veut faire l'application aux chemins de fer et aux bateaux à vapeur, et je crois fermement à la possibilité. Néanmoins, je ne m'en occupe pas dans ce sens, et je n'en veux parler que sous le point de vue de son utilité appliquée à l'agriculture et à l'industrie mécanique en général.

Je dirai d'abord que ces roues se font de toute dimension, de tout diamètre, de toute largeur, d'après la hauteur des animaux qu'on désire y placer, et tout animal qui se peut atteler ailleurs, depuis le plus petit jusqu'au plus grand, peut y être employé : on y peut introduire plusieurs chevaux, bœufs, vaches, ânes, etc.

Je ne pourrais en spécifier exactement la force, ayant oublié ce que l'inventeur m'en a dit ; il suffit de savoir que cette force est prodigieuse et remplace la vapeur avec avantage. Au moins, assurerai-je positivement que cette invention, pour l'agriculture, est appelée à jouer un grand rôle, comme aussi pour le tirage de l'eau dans une ferme, pour battre à la mécanique, pour les distilleries de pommes de terre, les féculeries, le lavage des racines à donner aux bestiaux, le criblage, le vannage des blés, orges, avoines, etc...

Au lieu d'un manége immense, occupant une grande place dans un bâtiment, une roue marchant verticalement, pourra être placée en quelque sorte collée contre un mur et ne tiendra qu'un petit espace.

Au lieu d'un, deux, trois chevaux occupés au manége et se fatiguant beaucoup, on y emploira un cheval, un bœuf, une vache, un âne même, qui n'aura que peu de fatigue; il sufit que ce soit un animal qui tire d'un pas régulier et sans secousse.

On n'aura pas à craindre, on n'aura pas à faire marcher le *tarare* ou grand van en même temps que la mécanique pour diminuer la fatigue du cheval; il y aura toujours plus de force qu'il n'en faudra.

Ainsi, dans le moment de la semaille, temps si précieux, on n'aura pas besoin de perdre une seule attelée pour le battage, à cause des chevaux. Une vache, deux vaches pourront faire le service, sans que leur lait en souffre, parce que, n'allant qu'au pas, elles ne s'échaufferont guère.

On pourrait, si l'on manquait de bras dans ce moment, battre entre les attelées de culture, au moyen d'une vache, pendant trois heures : c'est autant de temps qu'il en faudrait, car il faut trouver celui de débarrasser la paille, qui ordinairement est ce qui encombre le plus, et le grand obstacle que rencontre la mécanique.

Un autre avantage de ce moteur, c'est que pouvant y adapter une roue conforme à la hauteur d'un animal quelconque, on en placera un, au besoin, dans un grenier à grain, pour faire vanner et cribler, fonctionnant au moyen d'un chien, d'un mouton ou d'une chèvre, qui pourront y grimper. On peut, en effet, s'imaginer facilement que le moteur est peu coûteux, parce qu'il est simple, et que la complication de son emploi est toute dans les poulies et dans les courroies, si l'on ne veut pas d'engrainage.

De plus, veut-on creuser un puits pour y placer une pompe; il suffit de faire sa roue de manége : le même animal qui pompera par la roue, servira à extraire la terre du puits par le forage, et à descendre les pierres pour la construction au moyen de cette même roue.

Ce moteur pourra servir, dans les communes privées d'eau, à tirer l'eau par la pompe, sans qu'on ait à s'en occuper beaucoup. Une roue pour un ou deux ânes suffirait à cet usage. On bâtirait auprès

une petite écurie; les gardes-champêtres seraient
chargés de soigner les animaux à tour de rôle; et,
par ce moyen, en creusant les puits assez profonds,
l'on ne manquerait jamais d'eau.

Pour pomper l'eau, la roue aura un autre avantage encore sur le manége, celui de servir de volant
pour soutenir la bielle dans le coup mort, en faisant
fonctionner la pompe.

En un mot, ce moteur est applicable à tout mécanisme pour remplacer la vapeur; il en résulte
moins de frais, point de danger d'explosion.

Je préviendrai le lecteur, du reste, que, si je n'é-
tais pas convaincu de l'avantage de ce moteur, je
ne le proposerais pas : je n'y trouve d'autre profit
que celui de servir le public et de rendre un grand
service à l'inventeur, à son insu, en publiant, de
cette manière, son heureuse invention.

J'aurais voulu le servir mieux, en donnant des
détails plus précis sur la force; l'auteur est seul la
cause de cette apparente restriction. Il n'a pas fait
à ma question une réponse catégorique; il semblait
craindre que je ne voulusse exploiter son invention,
me prévenant qu'il ne recevrait plus de lettres, si
elles n'étaient affranchies; bien que ses renseignements ne fussent pas suffisants, j'ai cessé toute cor-
respondance, me servant des documents que me

fournissait ma mémoire, d'après nos conversations à ce sujet. Qu'il s'en prenne donc à lui seul, si je ne le sers pas mieux; j'aurais voulu qu'il comprît plus franchement mes intentions.

Quoi qu'il en soit, je recommande au public cette invention, dont j'ai parlé avec toute la vérité, la franchise qui est dans mon caractère, ce dont on pourra juger dans le cours de ce mémoire.

### AVANTAGE GÉNÉRAL DES CHEMINS DE FER ET DES CANAUX POUR L'AGRICULTURE.

Ce qui surprend dans une grande nation comme la nôtre, c'est d'entendre un peuple si éclairé, si spirituel, faire sur tous sujets des questions oiseuses, telles que celles-ci : « Quel sera l'avantage des chemins de fer, des canaux? doit-on en attendre un bon résultat, ou produiront-ils un effet contraire? » On serait tenter de rire des questionneurs, si l'on ne les connaissait pas, si l'on ne savait que l'interrogateur n'attend la réponse que pour y trouver matière à dérision. Qu'il m'en arrive ce qui pourra : j'ai l'humeur accommodante et ne m'en fâcherai point; je vais à ces questions faire une réponse sérieuse.

Elles sont étonnantes surtout, ces questions, après

la loi qui a été portée et depuis son commencement
d'exécution.

Établis dans le but de passer en peu de temps
d'une province à l'autre, d'y faire parvenir les produits ou denrées de première nécessité, d'un transport difficile, à meilleur marché que le roulage, les
chemins de fer et les canaux présentent cet avantage, au point de vue social, qu'ils permettent les
communications faciles. Par eux, on peut s'entr'aider
d'une province à l'autre ; leur rapidité permet l'en-
voi de choses délicates, s'avariant par un long
voyage ; chaque habitant a la faculté de jouir d'un
produit dont auparavant il ne pouvait faire usage
avec tout son mérite, avec sa saveur et sa fraîcheur ;
il se procure pour un prix raisonnable tous les objets lourds et encombrants.

Ces moyens ont l'avantage de forcer chacun à l'é-
conomie, et voici comment :

Avec ces moyens de transport prompts et peu
coûteux, on trouvera un débouché facile pour la
vente de ce dont on peut se passer, et, par là, on
fera quelque argent. Par exemple, une personne
qui cultive pour son usage la quantité qu'elle juge
nécessaire de tel ou tel produit, pourra, si elle
récolte une quantité plus grande que celle qu'elle

supposait, vendre le reste à n'importe quel prix. Sans débouché, elle eût consommé ce superflu elle-même, sans profit souvent. Est-elle pressée d'argent, elle peut vendre une partie de ce qu'elle destinait à sa consommation : elle s'arrangera pour ne pas trop souffrir de cette privation ; l'année se passera, et, tout en se suffisant, elle aura fait une économie de plus.

Je me résume : avec des chemins de fer et des canaux, si l'on a besoin de 30 et qu'on récolte 50, on vend le surplus; économie de 20; on fait 30 pour soi; on a besoin d'argent, on n'en réserve que 20 pour soi; autre économie de 10.

Sans chemins de fer, sans canaux, au lieu de 30 dont on a besoin, on fera 100 quelquefois; on ne peut vendre, on consomme le superflu en pure perte: outre que, ne prenant pas l'habitude de l'économie, on agit toujours de cette façon. Donc, d'une part, tout est profit; de l'autre, tout est perte.

# TABLE DES MATIÈRES.

---

# ERRATUM

Page 25, ligne 4ᵉ, au lieu de *qui prépare la semence,* lisez : *de préparation pour la semaille.*

www.ingramcontent.com/pod-product-compliance
Lightning Source LLC
Chambersburg PA
CBHW070303200326
41518CB00010B/1874